Adaptive Regelung für das Tiefbohren mit Einlippenbohrern kleiner Durchmesser

Von der Fakultät für Maschinenwesen
der Rheinisch-Westfälischen Technischen Hochschule Aachen
zur Erlangung des akademischen Grades eines
Doktors der Ingenieurwissenschaften
genehmigte Dissertation

vorgelegt von
Guido Franz Wirtz

Berichter:
Univ.-Prof. Dr.-Ing. Dr.-Ing. E.h. Dr. h.c. F. Klocke
Univ.-Prof. Dr.-Ing. Dr. h.c. mult. Uwe Heisel

Tag der mündlichen Prüfung: 01. April 2010

ERGEBNISSE AUS DER PRODUKTIONSTECHNIK

Guido Franz Wirtz

Adaptive Regelung für das Tiefbohren mit Einlippenbohrern kleiner Durchmesser

Herausgeber:
Prof. Dr.-Ing. Dr.-Ing. E.h. Dr. h.c. F. Klocke
Prof. Dr.-Ing. Dipl.-Wirt.Ing. G. Schuh
Prof. Dr.-Ing. C. Brecher
Prof. Dr.-Ing. R. Schmitt

Band 9/2010

WZL RWTHAACHEN

Fraunhofer IPT

Bibliografische Information der Deutschen Nationalbibliothek
Die Deutsche Nationalbibliothek verzeichnet diese Publikation in der Deutschen Nationalbibliografie; detaillierte bibliografische Daten sind im Internet über http://dnb.ddb.de abrufbar.

Guido Franz Wirtz:
Adaptive Regelung für das Tiefbohren mit Einlippenbohrern kleiner Durchmesser

1. Auflage, 2010

Gedruckt auf holz- und säurefreiem Papier, 100% chlorfrei gebleicht.

Wissenschaftsverlag des Instituts für Industriekommunikation und Fachmedien an der RWTH Aachen
Steinbachstr. 25, 52074 Aachen
Internet: www.apprimus-verlag.de, E-Mail: info@apprimus-verlag.de

Printed in Germany

ISBN 978-3-940565-56-3

D 82 (Diss. RWTH Aachen University, 2010)

Vorwort

Preamble

Die vorliegende Arbeit entstand während meiner Tätigkeit als wissenschaftlicher Mitarbeiter am Laboratorium für Werkzeugmaschinen und Betriebslehre (WZL) der Rheinisch-Westfälischen Technischen Hochschule Aachen.

Herrn Prof. Dr.-Ing. Dr.-Ing. E.h. Dr. h.c. Fritz Klocke, Inhaber des Lehrstuhls für Technologie der Fertigungsverfahren, danke ich für die ausgezeichnete Zusammenarbeit und die wohlwollende Förderung meiner Arbeit. Seine fachliche und persönliche Unterstützung hat ein motivierendes Arbeitsfeld geschaffen, in dem ich stets sehr gerne gearbeitet habe.

Ebenso danke ich Herrn Prof. Dr.-Ing. Dr. h.c. mult. Uwe Heisel, dem Leiter des Lehrstuhls für Werkzeugmaschinen der Universität Stuttgart, für die eingehende Durchsicht des Manuskripts und die Übernahme des Korreferats. Für die Übernahme des Prüfungsvorsitzes spreche ich Frau Prof. Dr.-Ing. Kirsten Bobzin meinen Dank aus.

Weiterhin gilt mein Dank allen Kolleginnen und Kollegen des Lehrstuhls für Technologie der Fertigungsverfahren, die zum Gelingen dieser Arbeit beigetragen haben. Insbesondere möchte ich mich bei den Dienstleitungsbereichen des Instituts bedanken.

Für sein herausragendes Engagement danke ich Herrn Gunnar Keitzel, der mich bislang als studentische Hilfskraft und nun als Kollege begleitet. Ebenso danke ich Herrn Thomas Weiler für die tatkräftige Unterstützung meiner Versuche als studentische Hilfskraft.

Ein großer Dank gilt Herrn Stephan Kratz und Herrn Drazen Veselovac für die Durchsicht des Manuskripts. Herrn Thomas Auerbach danke ich für die sprachliche und setzerische Korrektur.

Ganz besonders danke ich meinen Eltern, die meinen beruflichen Werdegang ermöglicht und unterstützt haben, sowie Lea Terstegge für ihre motivierende Unterstützung und für ihre Geduld während der Erstellung dieser Arbeit.

Aachen, im April 2010 Guido Wirtz

Formelzeichen und Abkürzungen

Formelzeichen

Großbuchstaben

A	mm^2	Fläche
A_{Fz}	N	Amplitude der Axialkraft
$\hat{A}_{Fz}$	N	Simulierte Amplitude der Axialkraft
A_H	µm	Hubamplitude des Aktors
A_{qr}	N^2s	quadratische Regelfläche
$A_{qr,norm}$	N^2s	normierte quadratische Regelfläche
D	mm	Werkzeugdurchmesser
F	N	Kraft
F_c	N	Schnittkraft
F_f	N	Vorschubkraft
F_p	N	Passivkraft
F_z	N	Axialkraft
$F_{z\ sim}$	N	simulierte Axialkraft
$F_{z\ soll}$	N	Sollwert der Axialkraft
G(s)	-	Übertragungsfunktion
$\hat{G}(s)$	-	Geschätzte Übertragungsfunktion
$\hat{G}^{-1}(s)$	-	Umkehrfunktion der geschätzten Übertragungsfunktion
$I_{Antrieb}$	A	Antriebsstrom
K	-	Produkt der Proportionalfaktoren
K_c	-	Proportionalfaktor des Reglers
K_s	-	Proportionalfaktor
$K_{s\hat{G}}$	-	Geschätzter Proportionalfaktor
K_V	-	Proportinalfaktor des Geschwindikeitsregelkreises
L	mm	Werkzeuglänge
L_B	mm	Bohrungslänge
M	Nm	Drehmoment
N	-	Anzahl der Spanimpulse
P_k	-	Parametervektor der Regelstrecke mit Datenpaket k
T_{an}	s	Anschwingzeit
T_{ein}	s	Einschwingzeit
T_i	s	Integrationszeitkonstante
T_{konv}	s	Konvergenzdauer
T_s	s	Verzögerungszeit

$T_{s\hat{G}}$	s	Geschätzte Verzögerungszeit
T_t	s	Totzeit
$T_{t\hat{G}}$	s	Geschätzte Totzeit
$T_{t\,red}$	s	Reduzierte Totzeit
$T_{t,\,rest}$	s	Totzeitrest
U_{mess}	V	Messspannung
U_{reg}	V	Analoge Spannung
U_{rms}	V	Gleitender Effektivwert der Messspannung
VK_s	-	Konvergenzgeschwindigkeit des Proportionalfaktors
VT_s	-	Konvergenzgeschwindigkeit der Verzögerungszeit
VT_t	-	Konvergenzgeschwindigkeit der Totzeit

Kleinbuchstaben

a_i	-	Koeffizient i
a_p	mm	Spanungstiefe
b	mm	Spanungsbreite
c_{PK}	-	Prozessfähigkeitsindex
dt	s	Zeitinkrement
e	N	Regelabweichung
e_{sim}	N	Regelabweichung zwischen Simulation und Messung
f	µm	Vorschub
f_{ab}	Hz	Abtastrate
f_g	Hz	Grenzfrequenz
f_{ident}	Hz	Identifikationsfrequenz
f_n	mm	Umdrehungsvorschub
f_{reg}	Hz	Regelungsfrequenz
f_s	Hz	Mittlere Spanfrequenz
g(t)	-	Impulsantwort
h	mm	Spanungsdicke
h(t)	-	Übergangsfunktion
k	-	Schrittvariable
k_f	MPa	Fließspannung
$k_{i\,1.1}$	N/mm^2	Spezifischer Zerspankraftkoeffizient
m	g	Spanmasse
m_i	-	Anstiegswert der Zerspankraftkomponente i
n	min^{-1}	Drehzahl
p_{kss}	MPa	Kühlschmierstoffdruck

r	mm	Radius
s	mm	Strecke
t	s	Zeit
t_b	s	Bohrungsdauer
t_e	s	Einschwingzeit vor dem Sprung
t_{sa}	s	Zeit des Spanabtransports
t_{se}	s	Zeit der Spanentstehung
t_{MAP}	s	Messdauer Arbeitspunkt
t_{MnS}	s	Messdauer nach dem Sprung
t_{MvS}	s	Messdauer vor dem Sprung
v_c	m/min	Schnittgeschwindigkeit
v_f	mm/min	Vorschubgeschwindigkeit
w	N	Führungsgröße
x	N	Regelgröße
x_k	N	Regelgröße im Datenpaket k
x_{sim}	N	Simulierte Regelgröße
$x_{tf\ sim}$	N	Totzeitfrei simulierte Regelgröße
$x_{red\ sim}$	N	Totzeitreduzierte simulierte Regelgröße
x_m	%	Überschwingweite
x_ω	N	Stationärer Endwert
y	V	Stellgröße
z	N	Störgröße

Griechische Buchstaben

$\Delta F_{z\ soll}$	N	Sollwertsprung der Axialkraft
ΔQ	C	Ladungsverschiebung
Δt	s	Zeitintervall, Zeitversatz
Δt_s	s	Zeitabstände zwischen den Spanimpulsen
ΔT_t	s	Differenz aus realer und geschätzter Totzeit
ΔV_s	V	Sprungamplitude
ε	%	Toleranz
κ_r	deg	Einstellwinkel
ρ	g/cm³	Materialdichte
T_{rms}	s	Integrationszeitkonstante zur gleitenden Effektivwertgleichrichtung

Abkürzungen

BAZ	-	Bearbeitungszentrum
BIBO	-	Bounded Input Bounded Output
DMS	-	Dehnungsmessstreifen
ELB	-	Einlippenbohren
EKF	-	Erweiterte Kalman-Filter
ELS	-	Erweiterte Least Square-Algorithmus
FFT	-	Fast-Fourier-Transformation
GGG50	-	Globularer Grauguß
IAE	-	Integral of Absolute Error
ISE	-	Integral of Squared Error
ITAE	-	Integral of Time Multiplied by the Absolute Error
ITSE	-	Integral of Time Multiplied by Squared Error
IT	-	Isotoleranz
KSS	-	Kühlschmierstoff
NCU	-	Numerical Control Unit
PI-Regler	-	Regler mit Proportional- und Integralanteil
PT1	-	Verzögerungsglied erster Ordnung
RLS	-	Rekursive Least Square-Algorithmus
VI	-	Virtuelles Instrument

1. Einleitung
Introduction

Ein fortschrittlicher Fertigungsprozess ist maßgeblich durch das Zusammenwirken von Mechanik, Elektronik und Regelungstechnik geprägt. Der Schrittmacher für diese mechatronischen Teilgebiete ist die Informationstechnik, die es ermöglicht, Fertigungssysteme mit inhärenter Teilintelligenz auszustatten. Die Teilintelligenz besteht darin, selbständig veränderte Betriebsbedingungen zu erkennen und innerhalb eines definierten Handlungsspielraums zielkonforme Parameteranpassungen vorzunehmen. Für den Technologen besteht die Herausforderung darin, die Möglichkeiten der Informationstechnik möglichst geschickt zur Verbesserung von Prozessen und Produktionssystemen einzusetzen und Methoden zur Lösung fertigungstechnologischer Probleme zu entwickeln.

Der wissenschaftliche Beitrag zur adaptiven Regelung adressiert exemplarisch das Tiefbohren mit Einlippenbohrern kleiner Durchmesser. Eine zentrale Herausforderung des Tiefbohrens besteht im Spanabtransport. Aufgrund des begrenzten Spanraums und der Forderung nach kürzeren Hauptzeiten muss ein hohes Zeitspanvolumen aus der Bohrung herausgespült werden. Trotz des Aufwands, den Kühlschmierstoff bei hohem Druck bereitzustellen und die Spülung der Werkzeuge zu optimieren, treten Spänestaus auf. Bei einem Spänestau verklemmen sich die erzeugten Späne zwischen der Spannut des Einlippenbohrers und der Bohrungsoberfläche. Falls der Bohrvorgang kontinuierlich fortgesetzt wird, verpressen sich die nachfolgenden Späne zu einem festen Pfropfen. Dadurch steigen die Axialkraft und das Bohrmoment deutlich an. Gelingt es dem Kühlschmierstoff nicht, den innerhalb der Spannut aufgelaufenen Spanpfropfen innerhalb kürzester Zeit aus der Bohrung herauszufördern, kommt es unweigerlich zum Werkzeugbruch, sofern die Störung nicht erkannt und entsprechend kompensiert wird.

Durch die Fokussierung auf kleine Werkzeugdurchmesser entsteht aufgrund der Werkzeugstruktur eine besondere Herausforderung zur dynamischen Störungskompensation und zur Reduktion von Belastungsspitzen. An der Herstellung von Injektorsystemen für Verbrennungsmotoren sind zahlreiche Tiefbohrprozesse kleiner Durchmesser beteiligt. Chargenschwankungen hochfester Werkstoffe, Härtegradienten, Werkstoffübergänge und zunehmender Werkzeugverschleiß führen zu starken Veränderungen der Werkzeugbelastung und des Spanabtransports. Aufgrund der veränderlichen Prozessbedingungen kann die adaptive Regelung für diese Anwendung eine maximale Störungskompensation durch Reglerparameteradaption erreichen.

In der industriellen Praxis stehen beim Tiefbohren mit Einlippenbohrern kleiner Durchmesser in der Regel keine Informationen über die aktuelle Werkzeugbelastung sowie über die Qualität des Spanabtransports zur Verfügung. Da die Werkzeugbelastung und der Spanabtransport stark variieren, werden die Prozessparameter unabhängig vom aktuellen Prozessgeschehen konservativ gewählt, um eine ausreichende Prozesssicherheit zu erzielen. In Einzelfällen erfolgt eine Spanraumüberwachung anhand des Kühlschmierstoffdrucks oder des entsprechenden Volumenstroms. Beide Messgrößen sind zur Erfassung von massiven Spänestaus geeignet, beinhalten jedoch keine Information über die Regelmäßigkeit aus der Bohrung herausgespülter Späne, sodass ihre Aussagekraft hinsichtlich der Prozesssicherheit stark eingeschränkt ist.

In dieser Arbeit werden Methoden zur modellbasierten Regelung entwickelt, die es ermöglichen, veränderliche Prozessbedingungen während der Bearbeitung zu identifizieren, geeignet zu modellieren, für eine prozessspezifische Reglerauslegung zu nutzen und schließlich die Auswirkungen der adaptiven Regelung auf die Technologie darzustellen.

Zunächst werden prozessspezifische Methoden zur Regelstreckenidentifikation entwickelt, die das Prozessverhalten entlang des Bohrwegs identifizieren und geeignet modellieren. Da die Festwertregelung keine Möglichkeit zur Systemanregung bietet, werden zusätzliche Anregungsmuster verwendet, die eine minimale Störung für den Tiefbohrprozess darstellen.

In einem weiteren Schritt werden Anforderungen zur Störungskompensation bei kleinen Werkzeugdurchmessern definiert und eine Reglerauslegung entwickelt, die eine anforderungsgerechte Regelgüte aufweist. Aufgrund des generalistischen Anspruchs bestehender Heuristiken, entsteht für die spezifische Anwendung ein großes Optimierungspotenzial zur Reglerauslegung.

Um die Neuerungen der Regelstreckenidentifikation und der Reglerauslegung hinsichtlich ihrer Auswirkungen auf die Technologie darzustellen, werden adaptive Regelungssysteme entwickelt, bei veränderlichen Prozessbedingungen und massiven Störungseinflüssen eingesetzt und anhand der Störungskompensation und der Reduktion von Kraftspitzen beurteilt.

Schließlich wird die Erfassung der Spanfrequenz beim Tiefbohren mit Einlippenbohrern kleiner Durchmesser realisiert, sodass eine Information über die Regelmäßigkeit aus der Bohrung herausgespülter Späne zur Verfügung steht. Um die Messergebnisse hinsichtlich der Prozesssicherheit zu interpretieren und technologisch zu nutzen, wird ein Konzept zur Störungsprävention aufgrund von Spänestaus entwickelt.

Wenn es gelingt, die Auswirkungen von Prozessstörungen auf ein unkritisches Maß zu reduzieren, wird es möglich, den Prozess trotz vorhandener Störungen über ein adaptives Regelungssystem sicher zu beherrschen. Wenn es darüber hinaus gelingt, die Spanfrequenz für eine Beurteilung der Zuverlässigkeit des Spanabtransports beim Tiefbohren mit Einlippenbohrern kleiner Durchmesser zur Verfügung zu stellen, ist eine wesentliche Voraussetzung geschaffen, zukünftig das Störungsaufkommen aufgrund von Spänestaus durch präventive Maßnahmen reduzieren zu können.

2. Stand der Erkenntnisse
State of the art

2.1 PROZESSTECHNOLOGIE
Process technology

Das Bohren zählt nach DIN 8580 zu den spanenden Fertigungsverfahren mit geometrisch bestimmter Schneide. Die Hauptbewegung erfolgt rotatorisch mit überlagerter Vorschubbewegung des Werkzeugs in Richtung der Drehachse [Kloc02].

2.1.1 Historie
History

Zu Beginn wurden von Hand geführte, stichelähnliche Gegenstände, z.B. der Feuersteinbohrer eingesetzt, Bild 2-1 a). Die Mechanisierung bei der Erzeugung von Löchern begann mit dem Fiedelbohrer, der die Transversalbewegung mittels Schnur und Bogen in eine Rotationsbewegung umsetzt. Die Krafteinleitung erfolgte weiterhin manuell, Bild 2-1 b). Eine deutliche Steigerung der Leistung und Bohrungsqualität wurde durch die Krafteinleitung mittels einer Handkurbel auf Bohrbänken erreicht, Bild 2-1 c). Dies hatte den Vorteil, dass die Rotationsbewegung des Werkzeugs ohne Drehrichtungswechsel erzeugt werden konnte.

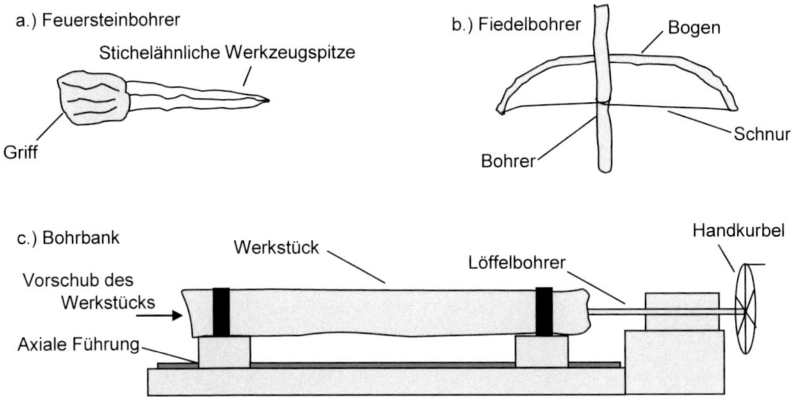

Bild 2-1: Historische Bohrwerkzeuge
Ancient drilling tools

Mit Hilfe dieser Technologie und dem Einsatz von Löffelbohrern konnten Zylinder für Wasserpumpen hergestellt werden. Die Nutzung der Wasserkraft zur Erzeugung der Rotationsbewegung stellte eine weitere Leistungssteigerung dar, durch die es möglich war mit Löffelbohrern ganze Wasserleitungen aus Holzrohren herzustellen. Im Anschluss fanden weitere Mechanisierungen statt, z.B. die Nutzung von Gewichten mit Seilumlenkungen und der Wasserkraft zur Erzeugung des Vorschubs. Die Weiterentwicklung der Werkzeuge brachte unterschiedliche Werkzeuggeometrien hervor. Historisch betrachtet, stellt dies die Geburtsstunde der Tiefbohrtechnologie dar. So wurden für Bohrungen ohne besondere Qualitätsansprüche und geringe Bohrtiefen zunehmend dem heutigen Spiralbohrer ähnliche Werkzeuge eingesetzt. Für Einsatzgebiete, bei denen der Spiralbohrer an seine Leistungsgrenze kam, wurden 'Kanonenbohrer' benutzt, die den heutigen Einlippentiefbohrern sehr ähnlich sind. Diese wurden insbesondere für die Produktion von Waffenläufen und Rohren eingesetzt. Die Weiterentwicklung dieser Werkzeuge und des eingesetzten Verfahrens führte zu dem heutigen Einlippentiefbohrverfahren.

2.1.2 Tiefbohren/Einlippenbohren
Deep hole drilling/Gun drilling

Das Tiefbohren beschreibt die Herstellung von Bohrungen, deren Länge das Dreifache des Durchmessers übersteigt [VDI3210]. Kennzeichnend sind hierbei die großen erzielbaren Bohrtiefen, die in Ausnahmefällen sogar bis zum 400fachen des Durchmessers betragen können [Heis06].

Wegen seiner hohen Produktivität und der erreichbaren Bohrungsgüte wird das Tiefbohren heute trotz hoher maschineller Ausrüstung zunehmend auch für Fertigungsaufgaben eingesetzt, bei denen das Verhältnis von Bohrungstiefe zu Bohrungsdurchmesser kleiner als 10 ist. Die Technologie Tiefbohren ist durch folgende Eigenschaften gekennzeichnet [VDI3210]:

- Hohe Bohrungsqualität hinsichtlich Maßhaltigkeit, Oberfläche, Mittenverlauf, Durchmessertoleranz,
- Große Produktivität im Vergleich zu konkurrierenden Verfahren, z.B. dem Senkerodieren,
- Abstützen und Führen des Werkzeugs in der erzeugten Bohrung durch Führungsleisten,
- Anbohrführung des Werkzeugs in einer Bohrbuchse oder einer Pilotbohrung zur Stabilisierung des langschäftigen Werkzeugs und zur Vermeidung von Lagefehlern,
- Einrichtung für eine kontinuierliche Kühlschmierstoffzufuhr, kontinuierlicher Spanabtransport ohne Ausspanhübe, ideale Bedingungen bezüglich Kühlung und Schmierung,
- Hohe Kühlschmierstoffdrücke können auf Bearbeitungszentren teilweise nicht realisiert werden.

Durch Tiefbohren können Metalle jeder Art sowie andere Werkstoffe, z.B. Kunststoffe, sowohl in der Massenfertigung von Kleinteilen als auch in der Einzelfertigung von Großmaschinenteilen bearbeitet werden [Heis91a]. Das Einlippenbohren (ELB) wird im Durchmesserbereich von ca. 0,5 mm bis 40 mm eingesetzt. Der geringe Mittenverlauf des Einlippenbohrers wird durch eine umlaufende, radiale Kraftkomponente erreicht, die über Führungsleisten an der Bohrungswand aufgefangen wird. Dadurch führt sich das Werkzeug selbständig in der erzeugten Bohrung. Dieser 'innere Kraftfluss' ist der Hauptgrund für den erzielbaren geringen Mittenverlauf [Baie85]. Gleichzeitig wird die Bohrungswand im Führungsleistenbereich geglättet und es entsteht eine gute Durchmessergenauigkeit der Bohrung im Bereich von IT 6 bis 8. Darüber hinaus führt die Möglichkeit, Bohrungen mit hoher Genauigkeit ohne Nacharbeit (z.B. Honen oder Reiben) fertig zu bearbeiten, zu kürzeren Bearbeitungszeiten und erhöht somit die Wirtschaftlichkeit des Verfahrens [Pete04].

Tiefbohrwerkzeuge beherrschen das gesamte Feld, der durch Bohren herstellbaren Innenkonturen. Werkzeuge mit Durchmessern kleiner 2,0 mm sind überwiegend als Vollhartmetallwerkzeuge ausgeführt. Der Einlippenbohrer setzt sich aus einem Bohrkopf mit Führungsleisten, einem Schaft und einer Spannhülse zusammen. Bei größeren Bohrerdurchmessern besteht der Schaft vorwiegend aus einem Profilrohr, das mit dem Bohrkopf bzw. der Spannhülse durch eine Lötstelle verbunden ist. Die Zufuhr des Kühlschmierstoffs (KSS) erfolgt durch einen oder mehrere Kanäle innerhalb des Werkzeugs. Die Ableitung des Späne-KSS-Gemischs erfolgt durch eine Spannut am äußeren Werkzeugschaft, Bild 2-2.

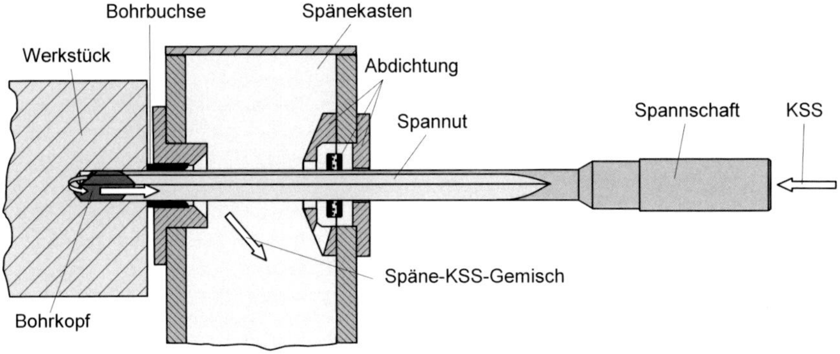

Bild 2-2: Einlippenbohrprozess
Gun drilling process

Die Verfügbarkeit weiterentwickelter Hartmetallsorten sowie Fortschritte auf dem Gebiet der Sinter- und Schleiftechnologie ermöglichen die Entwicklung von kleinsten Vollhartmetall-Einlippenbohrern im Durchmesserbereich zwischen 0,5 mm und 2 mm. Diese Werkzeuge erschließen neue Anwendungsbereiche für das Einlippenbohren. Dazu gehören beispielsweise Kraftstoffkanäle in Einspritzdüsen und Rotorteile in Einspritzpumpen, Steuer- und Entlüftungsbohrungen in Hydraulik- und Pneumatikelementen, Tiefbohrungen in Spannzangen, Kühlbohrungen in Spritzgießformen sowie Bohrungen in Knochennägeln und Dentalgeräten [Heis91b], [Ende91].

2.1.3 Zerspankraftberechnung
Cutting force estimation

Beim Einlippenbohren gehen von der exzentrischen Bohrerspitze zwei Werkzeugschneiden aus, sodass die innere Schneide zur Bohrermitte und die äußere Schneide zum Umfang weist. In Bild 2-3 sind die Zerspankraftkomponenten, deren Angriffspunkte an den Werkzeugschneiden sowie der Spanungsquerschnitt dargestellt.

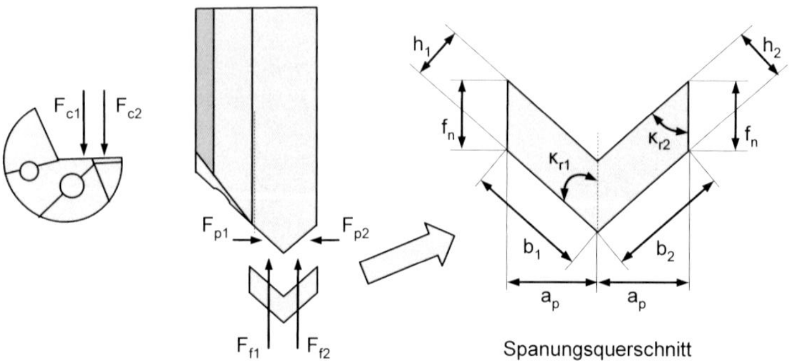

Bild 2-3: Zerspankraftkomponenten und Spanungsquerschnitt beim Einlippenbohren
Cutting force coefficients and cross-section of undeformed chip in gun drilling

An den Werkzeugschneiden treten jeweils die drei Zerspankraftkomponenten Schnittkraft F_c, Vorschubkraft F_f und Passivkraft F_p auf. Der durch die Zerspanung auftretende Span weist im Querschnitt eine V-Form auf. Durch Einteilung des Spanungsquerschnitts auf die beiden Schneiden kann jeder Schenkel des V's durch die Spanungsdicke h, die Spanungsbreite b und den Einstellwinkel κ_r geometrisch beschrieben werden. Diese Größen stehen nach den Gleichungen (2.1) und (2.2) im Zusammenhang mit dem Umdrehungsvorschub f_n und der Spanungstiefe a_p.

$$h_j = f_n \cdot \sin(\kappa_{r,j}), \quad j = 1,2 \tag{2.1}$$

$$b_j = \frac{a_p}{\sin(\kappa_{r,j})}, \quad j = 1,2 \tag{2.2}$$

Bild 2-4 zeigt die Verläufe der Zerspankraftkomponenten in Abhängigkeit von den während des Bohrprozesses beeinflussbaren Parametern Vorschub und Schnittgeschwindigkeit.

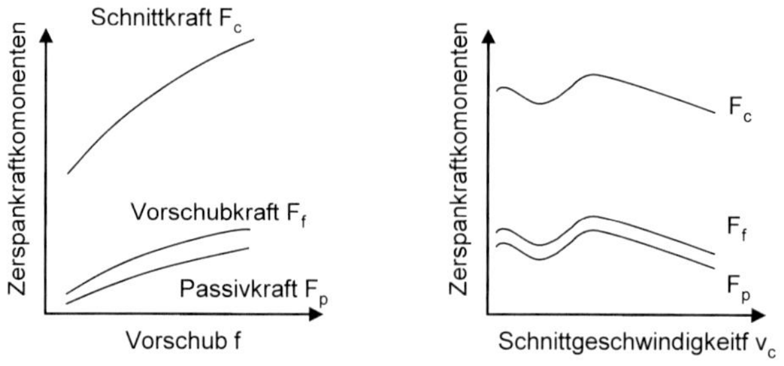

Bild 2-4: Zerspankraftkomponenten in Abhängigkeit von Vorschub und Schnittgeschwindigkeit [Kloc08]
Cutting force components in dependency on feed and cutting velocity [Kloc08]

Der Verlauf der Zerspankraftkomponenten zeigt bei Zunahme der Vorschubgeschwindigkeit degressiv anwachsende Kräfte. Dieser Zusammenhang wird in Untersuchungen von KIENZLE nach Gleichung (2.3) beschrieben [Kien52].

$$F_i = k_{i\,1.1} \cdot b_j \cdot h_j^{1-m_i}, \quad i = c, f, p; \quad j = 1,2 \tag{2.3}$$

Der spezifische Zerspankraftkoeffizient $k_{i\,1.1}$ beschreibt die spezifische Kraftkomponente, die bei der Spanabnahme mit der Spanungsbreite $b_j = 1$ mm und der Spanungsdicke $h_j = 1$ mm auftritt. Der Exponent (1-m_i) beschreibt den Anstiegswert, der die Zerspankraft F_i in Abhängigkeit von der Spanungsdicke h_j anpasst.

Der Zerspankraftverlauf weist in Abhängigkeit von der Schnittgeschwindigkeit zwei Maximalwerte auf und sinkt danach kontinuierlich ab. Der erste Maximalwert ist durch die bei niedrigen Schnittgeschwindigkeiten begünstigte Aufbauschneidenbildung zu erklären, welche mit steigenden Schnittgeschwindigkeiten abnimmt. Im zweiten Maximum ist die Schnittgeschwindigkeit erreicht, bei der der Werkstoff aufgrund der in der Zerspanstelle herrschenden Temperaturen thermisch zu erweichen beginnt. Dieser Effekt hat eine Abnahme der Zerspankräfte zur Folge. Allerdings begrenzt auch die thermische Beständigkeit der Schneidstoffe die weitere Schnittgeschwindigkeitssteigerung [Kloc08].

2.1.4 Spanbildung und -abtransport
Chip formation and transport

"Wichtiger als beim Drehen oder Fräsen, muss beim Tiefbohren eine günstige Spanform und eine zuverlässige Späneabführung sichergestellt werden, bevor man an das Ermitteln optimaler Schnittwerte herangehen kann" [Chin87].

Der Spanbildungsvorgang beim Einlippenbohren läuft unter anderen Bedingungen ab, als beispielsweise beim Bohren mit Wendelbohrern oder beim Drehen. Der Einlippenbohrer besitzt einen asymmetrischen Aufbau. Der Bohrkopf besteht, anders als beim Wendelbohrer, aus einer inneren und einer äußeren Schneide, Bild 2-5. Die äußere Schneide alleine würde einen weitläufigen Wendelspan erzeugen. Da die Schnittgeschwindigkeit zur Bohrermitte auf Null abfällt, würde sich an der inneren Schneide ein Span mit sehr enger Wendel bilden. Da die Spanbildung jedoch an beiden Schneiden gleichzeitig abläuft, entsteht der für das Einlippenbohren typische Faltspan, indem der innere Span einreißt und am äußeren Span haften bleibt [Fink77]. Die Steigung der Wendeln und ihr Durchmesser können variieren. Der maximale Durchmesser ist jedoch auf die Größe des Spanraums zwischen Spannut und Bohrungsoberfläche begrenzt.

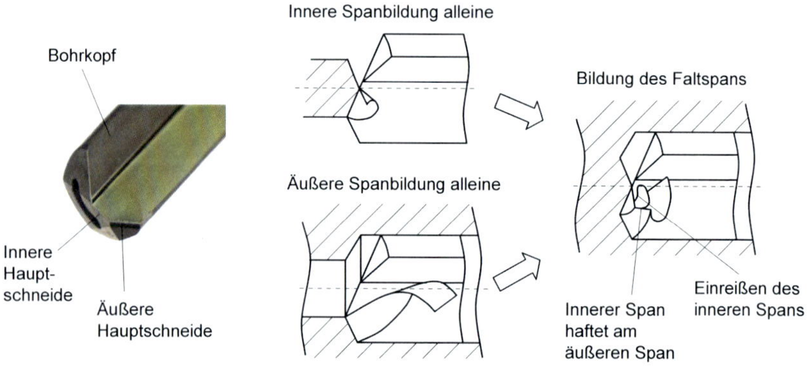

Bild 2-5: Faltspanbildung am Einlippenbohrer
Chip formation at single-fluted gun drill

Tiefbohren zeichnet sich durch ein hohes Aspektverhältnis aus. Das macht den Spanabtransport zu einer besonderen Herausforderung. Die beim Bohrprozess entstehenden Späne werden aus dem Bohrgrund durch Kühlschmierstoff herausgefördert. Beim Einlippenbohren erfolgt die KSS-Zufuhr durch eine meist nierenförmige Aussparung in Bohrerschaft und Bohrkopf. Um bei kleinen Kühlschmierstoffkanälen eine ausreichende Durchflussmenge zu realisieren, muss der Kühlschmierstoff mit hohem Druck (12 bis 20 MPa) beaufschlagt werden, sodass er an der Bohrerspitze austritt und die Späne aus der Bohrung herausspült, Bild 2-2.

Da der Abtransport der Späne über eine vergleichsweise große Strecke erfolgt, ist der Spanbruch für das Fertigungsergebnis und die Prozesssicherheit von besonderer Bedeutung. Ein Spänestau kann sowohl zur Zerstörung des Werkzeugs als auch zur Beschädigung der Bohrungsoberfläche führen. Häufig beurteilt der Maschinenbediener den Tiefbohrprozess anhand der erzeugten Späne, Bild 2-6.

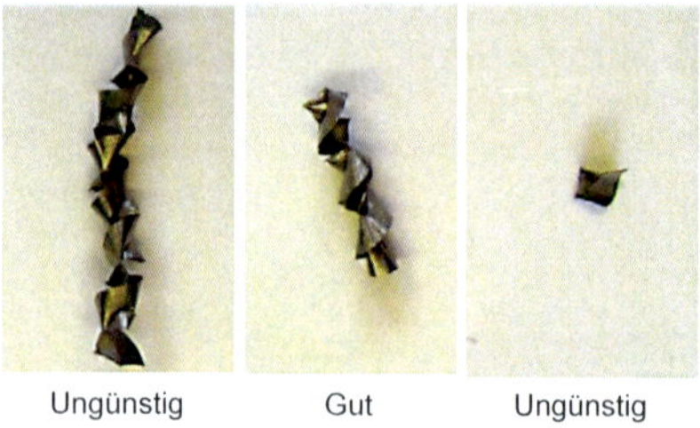

Bild 2-6: Faltspäne unterschiedlicher Länge
Crimp chips of different length

Durch die Änderung der Zerspanungsparameter Vorschub, Schnittgeschwindigkeit und KSS-Druck kann der Spanbruch beeinflusst werden [Löbb03]. Kann kein geeigneter Spanbruch erzeugt werden, sind flexible Späne anzustreben, die einen guten Abtransport begünstigen [VDI3210].

Lange Späne treten besonders bei der Bearbeitung rostfreier oder warmfester Stähle auf. Entstehen zu lange Späne, kommt es leicht zu einem Spänestau oder einem Spanwickler. Beim Spänestau verklemmen sich die erzeugten Späne zwischen Spannut und Bohrungsoberfläche. Wenn der Bohrvorgang kontinuierlich fortgesetzt wird, verpressen sich die nachfolgenden Späne zu einem festen Pfropfen. Dadurch steigen die Axialkraft und das Bohrmoment deutlich an. Falls sich das aufgestaute Material nicht selbstständig löst, kommt es zum Bohrerbruch. Ein weiteres Phänomen zu langer Späne ist das Auftreten von Spanwicklern. Hinter der Bohrbuchse stauen sich die Späne zu einem Knäuel, erschweren den weiteren Spanabtransport und begünstigen das Ausknicken des Bohrers. In der Regel muss das Knäuel manuell entfernt werden.

Auch zu kurze Späne können sich nachteilig auf die Prozesssicherheit und die erzeugte Oberflächengüte auswirken. Hierzu zählen insbesondere Kommaspäne, die bereits brechen, bevor sie eine volle Spanwendel ausbilden. Sie können sich zwischen dem Schaft des Bohrers und der Bohrungswand verklemmen, sodass durch die Reib- und Quetschvorgänge Riefen oder Aufschmierungen auf der Bohrungsoberfläche entstehen. Um die verursachte Kerbwirkung zu beseitigen, muss bei sicherheitsrelevanten Bauteilen durch Honen nachbearbeitet werden. Diese Maßnahme verursacht jedoch zusätzliche Kosten.

2.1.5 Prozessüberwachung
Process monitoring

Da das Tiefbohren für die direkte Beobachtung unzugänglich ist, kann eine Beurteilung nur über die Wahrnehmung indirekter Kennzeichen, z.B. Spanzustand, Geräusch und Vibration, erfolgen [Heis91a]. Das Prozessverhalten wird vor allem durch die aktuelle Vorschubkraft, das Drehmoment, Schwingungen sowie die Spangüte bestimmt [Wein95], [Hage94]. Daher steht zum Aufbau adaptiver Regelungssysteme die Erfassung potenzieller Regelgrößen im Vordergrund: Vorschubkraft, Bohrmoment, Beschleunigung, Luftschall, Spanfrequenz und KSS-Durchfluss. Bisher werden in den meisten Fällen Überschreitungen von Grenzwerten registriert und die Bearbeitung unterbrochen [VDI3210].

Das Einlippenbohren ist seit über 40 Jahren Gegenstand der Forschung. Im Vordergrund der ersten Untersuchungen stand die Ermittlung der wirkenden Bohrkräfte und -momente. Über Messungen von Bohrmoment und Vorschubkraft unter Verwendung einer mit Dehnungsmessstreifen (DMS) bestückten Messnabe berichtet zuerst ASTANIN [Asta63]. SAKUMA [Saku68] erfasste diese Größen durch das Messen der Schaftverformung. Seine DMS-Applikation am Bohrerschaft zog keine Änderung der Massen- und Steifigkeitsverhältnisse mit sich. STREICHER [Stre75] nutzte zur Bestimmung der dynamischen Bohrmomentenanteile die gleiche Anordnung und realisierte eine Signalübertragung mittels Telemetriesystem. Die Besonderheit der Tiefbohrverfahren ist der 'innere Kraftfluss', d.h. die Aufnahme der an der Schneide entstehenden radialen Kräfte durch die sich an der Bohrungswand abstützenden Führungsleisten. Um die Passivkräfte messen zu können, unterbrach PFLEGHAR [Pfle76] den inneren Kraftfluss, indem er die Führungsleisten am Werkzeugkopf entfernte.

Die Erfassung der Prozessdynamik und die Entwicklung geeigneter Strategien zur Verbesserung der Bearbeitungsstabilität sind bereits seit vielen Jahren Gegenstand der Forschung. STREICHER [Stre75] untersuchte in seiner Arbeit torsionselastische Einspannungen des Bohrerschafts. HAUGER [Haug91] nahm diesen Gedanken auf und führte, basierend auf Untersuchungen bezüglich des Stabilitätsverhaltens von Einlippenbohrern, Versuche mit verschiedenen torsionselastischen Einspannungen durch. Mit torsionselastischen Bohrerschäften konnte er eine deutliche Erhöhung der Grenzvorschübe erreichen, unterhalb derer keine Torsionsschwingungen auftreten. BOLLE [Boll88] entwickelte ein Regelungskonzept für die Schwingungsdämpfung mit einem Lanchesterdämpfer.

Hinsichtlich der Prozessüberwachung bei kleinen Werkzeugdurchmessern sind vor allem die Dissertation von EICHLER [Eich96] und die Arbeiten von HEISEL [Heis08a] hervorzuheben. EICHLER verwendet den KSS-Druck und den KSS-Durchfluss zur Spanraumüberwachung. Ferner stellt er die Wirkzusammenhänge zwischen Prozessparametern, Werkzeuggestaltung und einer sicheren Prozessauslegung dar. Die Ergebnisse zum Anbohr- und KSS-Durchflussverhalten verdeutlichen den Einfluss der Vorschubwahl auf die Prozesssicherheit. HEISEL [Heis08a] verweist auf die Eignung der Messgrößen Vorschubkraft und Körperschall zur Prozessüberwachung. Seine Überwachungsstrategie basiert darauf, die Prozesssicherheit durch Verringerung des Umdrehungsvorschubs zu steigern. Um jedoch eine gleich bleibende Produktivität bzw. Vorschubgeschwindigkeit zu erzielen, wird die Schnittgeschwindigkeit innerhalb vorgegebener Grenzen entsprechend erhöht. Die in zahlreichen Arbeiten [Rohs77], [Baie85], [Chin87], [Wein01] besonders hervorgehobene Spanfrequenz konnte jedoch aufgrund der besonderen Herausforderung bei kleinen Werkzeugdurchmessern nicht erfasst und in die Überwachung einbezogen werden. Die bei EICHLER und HEISEL eingesetzte Druck- und Durchflusssensorik kann zur Erfassung eines massiven Spänestaus genutzt werden. Die Spanfrequenz bleibt für eine präventive Prozessauslegung hinsichtlich sich ankündigender Probleme im Spanabtransport in beiden Fällen unberücksichtigt.

Die dominierende Bedeutung des Spanabtransports für die Prozesssicherheit wird in den Arbeiten von BUCK [Buck71] und FINK [Fink77] beschrieben. Sie untersuchten den Einfluss der Schneidengeometrie auf die Spanform. In Tabelle 2-1 sind bestehende Methoden zur Erfassung des Spanabtransports zusammengefasst. Neben der Frequenzanalyse von Prozessgrößen werden auch Vorrichtungen zur Messung von Hilfsgrößen verwendet. Optische Methoden erwiesen sich hinsichtlich der im Kühlschmierstoff enthaltenen Verschmutzungen und Lufteinschlüsse als eher problematisch [Baie85].

Tabelle 2-1: Methoden zur Erfassung des Spanabtransports
Methods for chip detection

	Messung von Prozessgrößen	*Messung von Hilfsgrößen*
Messgrößen	- Axialkraft - Drehmoment - Körperschall	- Auslenkung einer Prallplatte - Druck innerhalb der Bohrbuchse - Induktivität im Spülrohr - Transmission einer Messstrecke
Sensoren	- Kraftsensor - Momentsensor - Körperschallsensor	- Induktiver Wegsensor - Beschleunigungssensor - Drucksensor - Induktiver Ringsensor - Induktiver Näherungsschalter
Signal-verarbeitung	Frequenzanalyse des Mess-signals	Berechnung der Spanfrequenz und der Impulsbreite aus dem Mess-signal
Prozess-überwachung	Vorgabe spektraler Grenz-werte	Vorgabe von Grenzwerten für die Spanfrequenz und die Impulsbreite

Im Folgenden wird eine Auswahl relevanter Methoden aus Tabelle 2-1 zur Erfassung des Spanabtransports beschrieben:

- Auslenkung einer Prallplatte,
- Hydraulische Druckdifferenz in der Bohrbuchse und
- Veränderung der Induktivität im Spülrohr.

Erfassung des Spanabtransports durch die Auslenkung einer Prallplatte:

Die Messvorrichtung besteht aus einer Prallplatte, deren Auslenkung gemessen wird. Das herausgeförderte Späne-KSS-Gemisch trifft nach seinem Austritt aus der Bohrung auf eine von der Maschinenstruktur durch Federn entkoppelte Prallplatte. Die Platte wird, insbesondere durch die in dem Gemisch enthaltenen Späne, impulsförmig angeregt und ausgelenkt. Die von den Spänen verursachten Auslenkungen werden mittels induktivem Wegsensor erfasst. Alternativ zur Auslenklung kann auch die Beschleunigung der Prallplatte über einen entsprechenden Sensor erfasst und als Messgröße verwendet werden, Bild 2-7.

Bei Bohrdurchmessern größer 5 mm konnte die Spanfrequenz durch eine geeignete Signalverarbeitung ermittelt werden. Die Messmethode wurde manuell durch Auszählen und Abwiegen der Späne unter Berücksichtigung der Zerspanparameter verifiziert. Zwar stimmte die gemessene Spanfrequenz nicht genau mit der manuell ermittelten überein, war ihr jedoch bei allen Untersuchungen proportional.

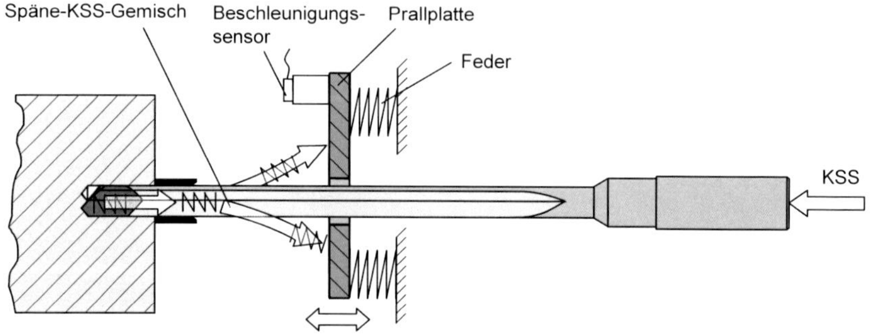

Bild 2-7: Erfassung des Spanabtransports durch die Auslenkung einer Prallplatte
Chip transport detection by a deflector's displacement

Bislang besteht jedoch das Problem, dass Späne kleinerer Masse mit diesem System nicht zu detektieren sind. Die Sensitivität erweist sich für den Nachweis von Bröckelspänen aus GGG50, von Aluminiumspänen und insbesondere von bei kleineren Bohrungsdurchmessern entstehenden Spänen als unzureichend [Wein00], [Löbb03].

Grund dafür ist, dass bei den kleinen Spanmassen und hohen KSS-Drücken kein definiertes Signalmerkmal auf einen Spanimpuls innerhalb des Rauschens hindeutet. Ein weiteres Problem resultiert aus der vergleichsweise schlechten Dämpfung der Prallplatte. Das Abklingverhalten der Schwingung begrenzt die maximal erfassbare Spanfrequenz und erschwert die Signalanalyse.

Erfassung des Spanabtransports durch die hydraulische Druckdifferenz innerhalb der Bohrbuchse:

Die Messvorrichtung von CHIN [Chin87] besteht aus einer verlängerten Bohrbuchse, die über einen radialen Kanal zum Anschluss eines Drucksensors verfügt. Die Messmethode beruht auf der Messung der Druckdifferenz vor und hinter dem vorbeiströmenden Span. Aufgrund der Reibung zwischen Span und Spannut bzw. Bohrungsoberfläche entsteht ein Druckgradient in Fließrichtung des Spans, der mit dem Drucksensor erfasst wird, Bild 2-8.

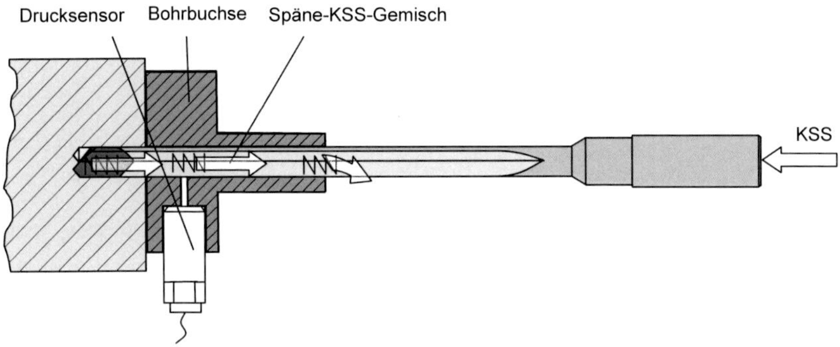

Bild 2-8: Erfassung des Spanabtransports durch die hydraulische Druckdifferenz
Chip transport detection by the hydraulic pressure difference

Inwiefern sich der Druckgradient in der Praxis angesichts der Rotation des Werkzeugs, der Druckpulsation der KSS-Versorgungseinheit und des hohen Absolutdrucks als aussagekräftig erweist, kann an dieser Stelle nicht beurteilt werden.

Erfassung des Spanabtransports durch die Veränderung der Induktivität im Spülrohr:

Die Messvorrichtung von CHIN [Chin87] besteht aus einem Kunststoffspülrohr und einem induktiven Ringsensor. Die Messmethode besteht in der Veränderung der Induktivität einer Spule aufgrund hindurch gleitender Späne, Bild 2-9.

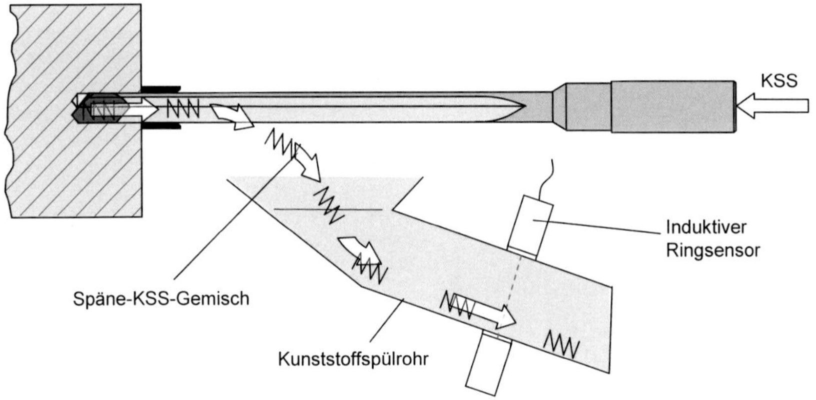

Bild 2-9: Erfassung des Spanabtransports durch die Veränderung der Induktivität
Chip transport detection by the change of inductivity

Unterhalb von 5 mm Bohrungsdurchmesser sind die herausgespülten Späne im Verhältnis zur Messstrecke des Sensors sehr klein. Daher reicht die Sensitivität des Aufbaus nicht zur Beurteilung des Spanabtransports aus. Da die Späne sehr dicht und vergleichsweise langsam durch die lange Messstrecke gleiten, ist die messbare Spanfrequenz des Systems ebenfalls begrenzt. Ein weiterer Nachteil ist die hohe Totzeit, die sich aus der großen Distanz zwischen Spanerkennung und Spanentstehung ergibt.

2.2 REGELUNGSTECHNOLOGIE
Control technology

Für den Fall, dass die Regelstrecke hinsichtlich ihrer statischen und dynamischen Eigenschaften vorgegeben ist, entsteht für die Regelungstechnik die Aufgabe, durch die Konzeption der Regeleinrichtung ein System mit den gewünschten Eigenschaften zu erzeugen [Abel06].

Ein wesentlicher Aspekt für den Regelungsentwurf ist der Implementierungsaufwand. Eine effektive Möglichkeit besteht in der Anwendung von Einstellheuristiken [Chie52]. Sie sind dafür ausgelegt, einen großen Anwendungsbereich abzudecken und die Stabilität des Regelkreises zu garantieren. Individuelle Gütekriterien können von Heuristiken nur sehr eingeschränkt berücksichtigt werden. Eine weitaus leistungsfähigere Alternative bietet der individuelle Regelungsentwurf mit Hilfe der Simulation. Das Vorgehen besteht in diesem Fall aus der Identifikation und Modellierung der Regelstrecke, der Wahl der Reglerstruktur, der Simulation des geschlossenen Regelkreisverhaltens und der Definition individueller Gütemaße.

2.2.1 Adaptive Regelungskonzepte
Adaptive control concepts

Bei Regelungskonzepten ohne Adaption wird für die Regelstrecke ein zeitinvariantes Verhalten angenommen. In der Realität zeigen Regelstrecken jedoch oft ein zeitlich veränderliches und nichtlineares Verhalten. Aufgrund der Robustheitsforderung müssen für eine garantierte Stabilität des Regelkreises konservative Parameter gewählt werden. In direkter Folge weist der Regelkreis nur noch eine eingeschränkte Dynamik auf. Die technische Lösung für das Problem besteht in der Identifikation des aktuellen Regelstreckenverhaltens und einer entsprechenden Reglerparameteranpassung. So lassen sich die dynamischen Eigenschaften des Regelkreises verbessern und gleichzeitig die Stabilität gewährleisten. Diese Art der Regelung wird als adaptive Regelung bezeichnet [Abel06].

UNBEHAUEN [Unbe08] unterscheidet adaptive Regelungen nach ihrer Struktur und Funktionsweise in:

- Modelvergleichsverfahren,
- Self-Tuning-Verfahren und
- Verfahren der gesteuerten Adaption.

Nachfolgend werden die genannten Verfahren erläutert. Bild 2-10 zeigt das Schema des Modellvergleichsverfahrens.

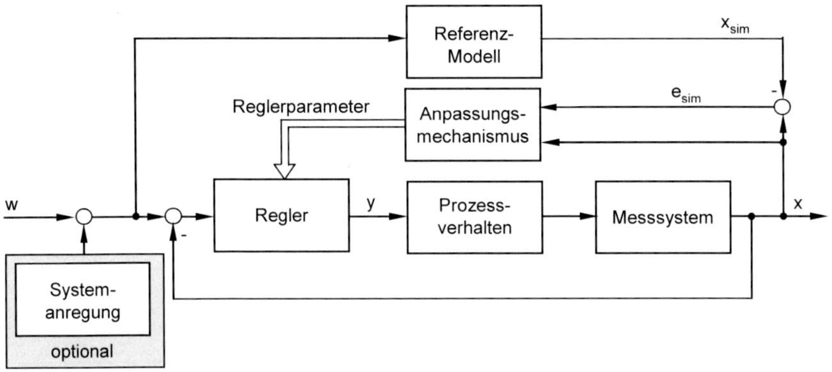

Bild 2-10: Modellvergleichsverfahren
Model comparison concept

Beim Modellvergleichsverfahren wird neben dem eigentlichen Regelkreis ein Referenzmodell implementiert, welches das gewünschte Verhalten aufweist. Die Regelgröße x und die Regelabweichung e_{sim} zwischen dem realen Regelkreisverhalten x und dem simulierten Regelkreisverhalten x_{sim} werden an einen Anpassungsmechanismus übermittelt. Dort werden die Signale ausgewertet und eine Anpassung des realen Regelkreisverhaltens durch Modifikation der Reglerparameter durchgeführt. Da die Anpassung als eigener Regelkreis arbeitet, gehört das Modellvergleichsverfahren zu den direkten adaptiven Regelungen. Falls der Regelkreis der Festwertregelung dient oder die Führungsgröße w keine ausreichende Systemanregung ermöglicht, muss eine optionale Systemanregung implementiert werden, die eine Auswertung des Systemverhaltens ermöglicht [Sast89].

Das Self-Tuning-Verfahren benötigt hingegen kein Vergleichsmodell. Bild 2-11 zeigt das Schema dieser Adaption.

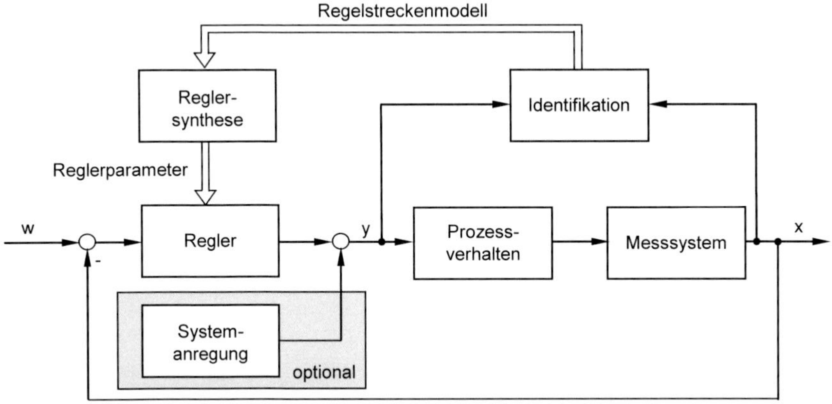

Bild 2-11: Self-Tuning-Verfahren
Self- tuning concept

Die erweiterte Regelkreisstruktur besteht aus den Funktionseinheiten Identifikation, Reglersynthese und der optionalen Systemanregung. Die Identifikation betrachtet den zeitlichen Verlauf von Stell- und Regelgröße. Die Stellgröße y wird dabei als anregendes Signal und die Regelgröße x als Antwortsignal betrachtet. Basierend auf dem Vergleich von Anregungs- und Antwortsignal wird das Regelstreckenverhalten ermittelt und modelliert. Weder die Modellstruktur noch die Modellparameter sind bei diesem Verfahren fest vorgegeben. Gleiches gilt für das Reglermodell. Die Reglersynthese erstellt eine Reglerstruktur und die entsprechenden Reglerparameter anhand des identifizierten Regelstreckenmodells und weiterer Entwurfsvorgaben, z.B. der Polvorgabe [Iser08].

Das gesteuerte Adaptionsverfahren ist hinsichtlich der erweiterten Regelkreisstruktur ähnlich dem Self-Tuning-Verfahren aufgebaut, Bild 2-12. Allerdings berücksichtigt das Verfahren für Regelstrecke und Regler jeweils eine definierte Modellstruktur. Somit sind ausschließlich die entsprechenden Modellparameter Gegenstand der Identifikation und Adaption. Die Parameterzuweisung beinhaltet daher eine feste Zuordnungsvorschrift zwischen den Regelstrecken- und den Reglerparametern [Unbe00].

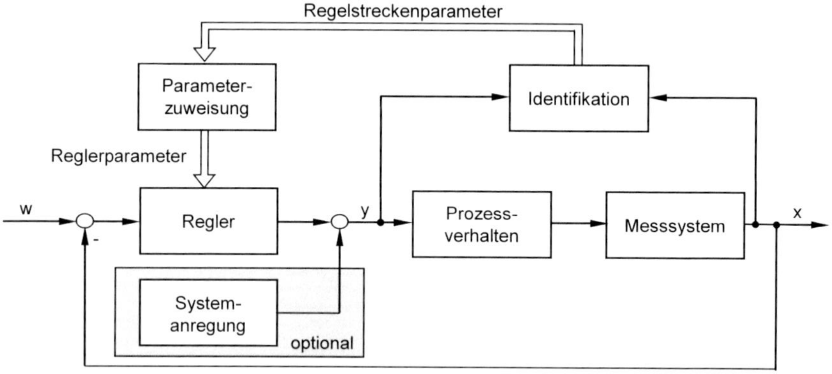

Bild 2-12: Gesteuertes Adaptionsverfahren
Controlled adaptation concept

2.2.2 Regelstreckenidentifikation und Modellbildung
Plant identification and modelling

Die Regelstreckenidentifikation besitzt die Aufgabe, den Zusammenhang zwischen Stell- und Regelgröße zu ermitteln und in einem Modell abzubilden. Zur Modellierung des Regelstreckenverhaltens können parametrische und nichtparametrische Modelle verwendet werden. In dieser Arbeit werden jedoch ausschließlich parametrische Modelle betrachtet. Die Regelstrecke kann als White-Box, Black-Box oder Grey-Box betrachtet werden. Bei der White-Box-Betrachtung wird die Regelstrecke auf Grundlage der physikalischen Beschreibung der Regelstreckenkomponenten modelliert. Hierfür müssen die genauen physikalischen Wirkungszusammenhänge in der Strecke bekannt sein. Bei der Black-Box-Modellierung wird hingegen keine physikalische Beschreibung der Strecke durchgeführt, sondern aufgrund eines Anregungs- und Antwortsignals der Regelstrecke eine mathematische Struktur ausgewählt, die das Verhalten ausreichend genau wiedergibt. Die Grey-Box-Betrachtung ist eine Kombination aus der White-Box- und der Black-Box-Betrachtung [Boss04], [Gück06].

Die Regelstreckenidentifikation kann mit direkten und rekursiven Verfahren durchgeführt werden. Die direkte Indentifikation verwendet lediglich einen Identifikationszyklus zur vollständigen Neuberechnung des Regelstreckenmodells. Die rekursive Identifikation berücksichtigt hingegen die vorausgehenden Identifikationsergebnisse anteilig bei der Aktualisierung und verfügt daher über eine größere Störungstoleranz. Nachfolgend wird die Vorgehensweise zur direkten und zur rekursiven Identifikation beschrieben.

Direkte Identifikation:

Bei der direkten Identifikation werden zu bestimmten Zeitpunkten Identifikationen des Regelstreckenverhaltens durchgeführt. Die Häufigkeit und die Zeitpunkte der Identifikationen werden hierbei deterministisch nach einem zeitlichen Anregungsmuster oder aufgrund von Ereignissen festgelegt, Bild 2-13.

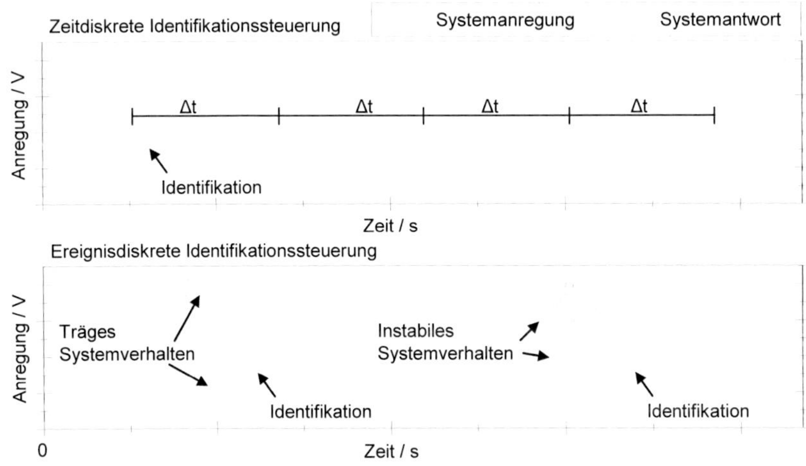

Bild 2-13: Steuerung der direkten Regelstreckenidentifikation
Control of a direct identification sequence

Im oberen Bildteil sind Identifikationen anhand eines zeitlich definierten Anregungsmusters dargestellt. Der untere Bildteil zeigt Identifikationen infolge von Ereignissen, beispielsweise unzureichende Regelkreisdynamik oder Systeminstabilität. Um die Identifikation zu initiieren, wird eine entsprechende Signalauswertung benötigt.

In der Regelstreckenidentifikation werden das Signalpaar, bestehend aus Anregungs- und Antwortsignal, analysiert und die Übertragungsfunktion mit Hilfe eines Identifikationsalgorithmus ermittelt. Die Signalanregung muss Streckenstörungen und den Rauschanteil des Signals dominieren, damit sich das charakteristische Regelstreckenverhalten möglichst unverfälscht identifizieren lässt. Bei der Festwertregelung ist generell keine Streckenanregung vorhanden. Daher muss die Strecke mit geeigneten Anregungsmustern beaufschlagt und eine prinzipiell unerwünschte Störung toleriert werden, um die

Identifikation dennoch zu ermöglichen [Brau05], [Iser92a]. Bild 2-14 zeigt eine Auswahl von Anregungsmustern.

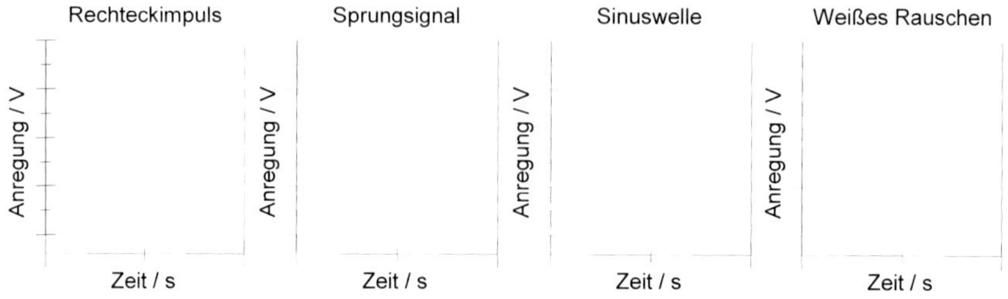

Bild 2-14: Anregungsmuster
Stimulation patterns

Bei der Identifikation wird unterschieden, ob das Regelstreckenmodell bekannt ist oder nicht. Ein bekanntes Regelstreckenmodell kann, unter der Annahme eines linearen und zeitinvarianten Regelstreckenverhaltens während des Zeitraums der Signalaufzeichnung, durch eine Differentialgleichung der Form

$$a_n y^{(n)}(t) + ... + a_2 \ddot{y}(t) + a_1 \dot{y}(t) + a_0 y(t) = b_0 u(t - T_t) + b_1 \dot{u}(t - T_t) + ... + b_m u^{(m)}(t - T_t) \qquad (2.4)$$

beschrieben werden. Um den Zusammenhang zwischen Anregungs- und Antwortsignal abzubilden, ist zunächst der Modellierungsaufwand anhand der Modellstruktur und der Genauigkeit der Modellparameter zu definieren. Hierzu eignet sich die Methode der kleinsten Fehlerquadrate, bei der die Abweichungen e_{sim} zwischen der Regelgröße x und der simulierten Regelgröße x_{sim} quadriert und anschließend aufsummiert werden. Das Ziel besteht darin, Modellparameter zu bestimmen, die eine Minimierung der Fehlerquadratsumme ermöglichen:

$$e_{sim}(k) = x(k) - x_{sim}(k), \qquad (2.5)$$

$$\sum_{k=1}^{N} e(k)^2 \rightarrow \text{min}. \qquad (2.6)$$

Für den Fall einer unbekannten Regelstreckenstruktur, z.B. beim Self-Tuning-Verfahren, muss der Algorithmus erweitert werden [Iser92a].

Rekursive Identifikation:

Rekursive Identifikationsmethoden beruhen auf einer kontinuierlichen Anpassung der Regelstreckenparameter. Die Modellstruktur bleibt erhalten, da die bisherigen Parameter, zusammen mit den aktuellen Stell- und Regelgrößensignalen, rekursiv in die Berechnung der neuen Parameter eingebunden sind:

$$P_k = f(P_{k-1}, y_k, x_k). \qquad (2.7)$$

P_k beschreibt in Gleichung (2.7) den Parametervektor der Regelstrecke zum Zeitpunkt k, der aus den Messwerten der Stellgröße y_k und der Regelgröße x_k sowie dem Parametervektor P_{k-1} berechnet wird. Die rekursive Identifikation hat einen geringeren Rechenaufwand als die direkte Identifikation zur Folge und wird bei Online-Identifikationen bevorzugt.

Bei der rekursiven Identifikation nähern sich die Modellparameter der Regelstrecke dem realen Streckenverhalten an. Die Geschwindigkeit der Konvergenz ist von der Gewichtung der neuen Messwerte im Vergleich zu den vorausgehenden Parametern abhängig. Die Dynamikforderung verlangt eine Gewichtung, die eine schnelle Anpassung der geschätzten Streckenparameter an den realen Prozess erlaubt. Andererseits verlangt die Robustheitsforderung nach ausreichender Trägheit der Anpassung, sodass eine Prozessstörung die Stabilität des Systems nicht gefährdet. Geeignete Verfahren zur rekursiven Identifikation sind der Rekursive Least Square-Algorithmus (RLS) [Deha93], [Hayk02], der Erweiterte Least Square-Algorithmus (ELS) [Naik92] und der Erweiterte Kalman-Filter (EKF) [Kalm60].

Bei der Implementierung der rekursiven Algorithmen zur Online-Identifikation können die erweiterten Regelkreisstrukturen zur Reduktion des Rechenaufwands angepasst werden. Eine Möglichkeit hierzu bietet die Trennung von Identifikations- und Regelungsfrequenz. Bild 2-15 zeigt den Datenfluss eines gesteuerten Adaptionsverfahrens mit reduzierter Datenrate innerhalb der erweiterten Regelkreisstruktur.

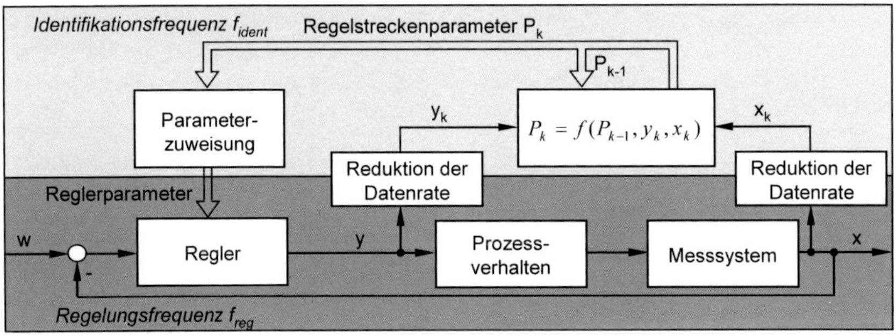

Bild 2-15: Gesteuertes Adaptionsverfahren mit reduzierter Datenrate in der erweiterten Regelkreisstruktur

Controlled adaptation concept using datarate reduction within the extended closed loop structure

Grundsätzlich kann die Identifikationsfrequenz im Vergleich zur Regelungsfrequenz reduziert werden, wenn sich das charakteristische Regelstreckenverhalten deutlich langsamer als die Regelungsfrequenz verändert. In diesem Fall würde die Nutzung der Regelungsfrequenz keinen Informationsgewinn zur Identifikation beitragen und lediglich den Rechenaufwand erhöhen [Iser92b].

2.2.3 Reglerauslegung
Controller parameterisation

Die Reglerauslegung besteht stets aus einem Kompromiss zwischen Dynamik und Stabilität. Um den Prozess der Reglerauslegung systematisch zu unterstützen, werden Güteforderungen formuliert. Güteforderungen lassen sich in vier Gruppen gliedern:

- Stabilitätsforderungen,
- Forderungen nach Störungskompensation und Sollwertfolge,
- Dynamikforderungen und international standardisierte Gütemaßzahlen sowie
- Robustheitsforderungen.

Stabilitätsforderung und Stabilitätskriterien:

Die Stabilitätsforderung besagt, dass der geschlossene Regelkreis stabil sein muss. Sie setzt voraus, dass der Regelkreis auf eine endliche Erregung durch die Führungsgröße oder Störsignale auch nur mit einem endlichen Ausgangssignal reagieren darf (BIBO-Stabilität). BRAUN [Brau05] definiert Stabilität wie folgt:

„Ein lineares zeitinvariantes System wird genau dann als stabil bezeichnet, wenn seine Übergangsfunktion h(t) mit zunehmender Zeit einem endlichen Wert zustrebt, oder, damit gleichbedeutend, wenn seine Impulsantwort g(t) mit zunehmender Zeit gegen Null läuft."

Um die Menge der stabilen Reglerparameterkombinationen zu ermitteln, wurden unterschiedliche mathematische Methoden entwickelt. Grundlegende Stabilitätskriterien, z.B. das Nyquistkriterium, die Wurzelortskurve und die Polvorgabe im Zustandsraum sind in einschlägigen Lehrbüchern erläutert [Abel06], [Unbe08]. Die Methoden treffen jedoch keine Aussage über die zu erreichende Robustheit gegenüber Störungen oder plötzlicher Veränderung des Regelstreckenverhaltens. Daher wird bei der Reglerauslegung in der Praxis eine Reserve zur Stabilitätsgrenze vorgesehen.

Forderung nach Störungskompensation und Sollwertfolge:

Die Forderung nach Störungskompensation und Sollwertfolge besagt, dass die Regelgröße x der Führungsgröße w asymptotisch folgen soll. Daher muss die Regelabweichung e für große Zeiten gegen Null streben:

$$\lim_{t \to \infty}(e(t)) = \lim_{t \to \infty}(w(t) - x(t)) = 0 \,. \tag{2.8}$$

LUNZE [Lunz06] definiert die hierzu erforderliche Bedingung wie folgt:

„Damit in einem stabilen Regelkreis die Regelgröße einem sprungförmigen Führungssignal ohne bleibende Regelabweichung nachgeführt wird und sprungförmige, auf den Ausgang der Regelstrecke wirkende Störungen ohne bleibende Regelabweichung kompensiert werden, muss die offene Kette integrierendes Verhalten besitzen."

Erfüllt der Regelkreis diese Bedingung, wird er als 'stationär genau' bezeichnet. Ob ein Regelkreis stationär genau ist, hängt somit von der Reglerstruktur und nicht von der Parameterwahl ab.

Dynamikforderungen und international standardisierte Gütemaßzahlen:

Ist der Regelkreis stabil und stationär genau, lassen sich Dynamikforderungen formulieren, die das Übergangsverhalten des Regelkreises bei einer Anregung aus dem Ruhezustand beschreiben. Bild 2-16 veranschaulicht eine Auswahl von Kennzahlen zur Beurteilung der Regelkreisdynamik.

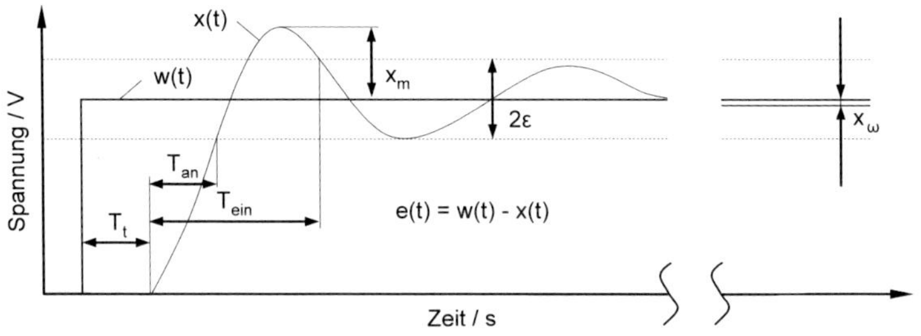

Bild 2-16: Kennzahlen der Regelkreisdynamik
Indicators for dynamic control properties

Darin entsprechen w(t) dem Signalverlauf der Führungsgröße und x(t) dem der Regelgröße. Die Totzeit T_t ist der Zeitabschnitt von der Anregung bis zur ersten Reaktion im Regelgrößensignal. Die Anschwingzeit T_{an} beschreibt den Zeitabschnitt zwischen der ersten Reaktion und dem Erreichen eines definierten Prozentsatzes des stationären Endwerts x_ω. Der Zeitabschnitt von der ersten Reaktion bis zum Einschwingen in ein Toleranzband der Weite 2ε wird als Einschwingzeit T_{ein} bezeichnet. Die Überschwingweite x_m entspricht der prozentualen Überschreitung des stationären Endwerts x_ω durch die beim Einschwingvorgang erreichten Amplitude.

Neben den genannten Kennzahlen ist eine Beschreibung der Dynamikforderungen durch international standardisierte Gütemaßzahlen verbreitet. Diese beschreiben die Regelabweichung e über der Zeit t und lassen sich durch Regelflächen veranschaulichen:

IAE-Kriterium (Integral of Absolute Error), betragslineare Regelfläche:

$$\int_0^\infty |e(t)| dt \rightarrow \min. \tag{2.9}$$

ISE-Kriterium (Integral of Squared Error), quadratische Regelfläche:

$$\int_0^\infty e^2(t) dt \rightarrow \min. \tag{2.10}$$

ITAE-Kriterium (Integral of Time Multiplied by the Absolute Error), zeitbeschwerte betragslineare Regelfläche:

$$\int_0^\infty t \cdot |e(t)| dt \rightarrow \min. \tag{2.11}$$

ITSE-Kriterium (Integral of Time Multiplied by Squared Error), zeitbeschwerte quadratische Regelfläche:

$$\int_0^\infty t \cdot e^2(t) dt \rightarrow \min. \tag{2.12}$$

Eine Regelung gilt als optimal, wenn die Reglerauslegung das betreffende Gütemaß minimiert [Abel06].

Robustheitsforderungen:

Die Robustheit einer Regelung beschreibt die Eigenschaft, das Systemverhalten möglichst gut beizubehalten, wenn sich die reale Strecke gegenüber dem aktuell bestehenden Regelstreckenmodell verändert. In dieser Situation verfehlt das der Reglerauslegung zugrunde liegende Regelstreckenmodell die realen Regelstreckeneigenschaften. Modellabweichungen können entstehen, wenn die Identifikationsfrequenz hinsichtlich der zeitlichen Varianz der realen Regelstreckeneigenschaften zu gering gewählt ist. Zu starke Abstraktion des Modellansatzes sowie Ungenauigkeiten bei der Parameteridentifikation können weitere Ursachen sein [Kloc09].

In der Praxis müssen die Reglerparameter so ausgelegt werden, dass der Regelkreis die Forderungen nach Stabilität, Sollwertfolge, Störungskompensation und Dynamik auch bei Modellunsicherheiten erfüllt. Die Bewertung der Robustheit gehört zu jeder Reglerauslegung, sei es in Form einer qualitativen Betrachtung oder durch eine genauere quantitative Analyse [Lunz06].

2.2.4 Prädiktion
Prediction

Stark totzeitbehaftete Regelstrecken führen schon bei geringen Reglerverstärkungen aufgrund der Phasenabsenkung im aufgeschnittenen Regelkreis zu instabilem Verhalten. Daher ist die Dynamik solcher Regelkreise beschränkt. Es besteht jedoch die Möglichkeit, die Dynamik durch modellgestützte Reglerauslegung zu verbessern. Hierzu muss jedoch die Regelkreisstruktur verändert werden.

Der Smith-Prädiktor beschreibt eine geeignete Struktur zur modellgestützten Reglerauslegung, Bild 2-17. Um eine verbesserte Regelkreisdynamik zu erreichen, wird zusätzlich ein Modell der realen Regelstrecke benötigt. Von diesem Modell wird die Totzeit abgespalten, sodass ein totzeitfreies Modell und ein reines Totzeitmodell entstehen. Durch die Spaltung kann die Reglerauslegung anhand des totzeitfreien Modells durchgeführt werden, sodass eine höhere Dynamik im Vergleich zur Reglerauslegung anhand der realen, totzeitbehafteten Regelstrecke erreicht wird [Reut08].

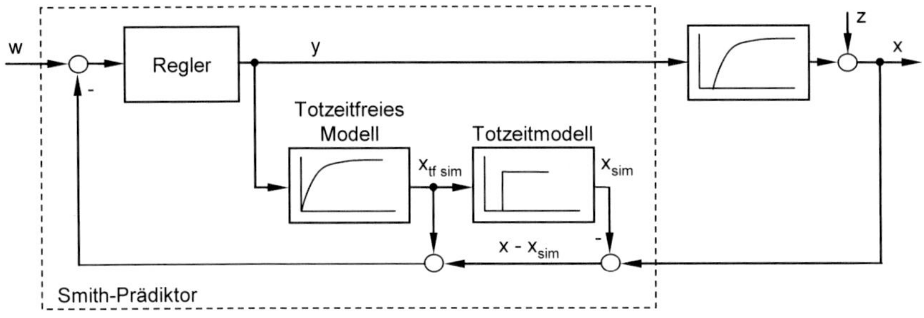

Bild 2-17: Struktur des Smith-Prädiktors
Structure of the Smith-Predictor

Innerhalb der Rückführung der gemessenen Regelgröße x, wird zunächst das simulierte Signal subtrahiert, das sich aus der Reglerausgabe durch das Modell der Regelstrecke ergibt. Bei guter Übereinstimmung von realer Regelstrecke und Modell unterscheiden sich das gemessene und das simulierte Signal nur aufgrund von Modellabweichungen und Regelstreckenstörungen. Die Signalunterschiede werden als Differenz $x - x_{sim}$ auf das Signal $x_{tf\,sim}$ addiert. $x_{tf\,sim}$ ist eine totzeitfreie Simulation der Regelgröße. So entsteht für die Regelung ein Signal, das auf der totzeitfreien Simulation der Regelstrecke basiert und Abweichungen zur Realität durch Messung berücksichtigt. Dementsprechend kann die Reglerauslegung anhand des totzeitfreien Modells erfolgen [Abel06].

2.2.5 Bestehende Regelungs- und Steuerungskonzepte für das Tiefbohren
Existing control concepts for gun drilling

Forschungsarbeiten, die sich mit dem Einsatz von Regelungskonzepten beschäftigten, hatten neben der Produktivitätssteigerung stets die Steigerung der Prozesssicherheit zum Ziel. STREICHER [Stre75] beschreibt ein adaptives System auf Basis einer Bohrmomentüberwachung. ROHS, BAIER und CHIN [Rohs77], [Baie85], [Chin87] berichten bei einer Fokussierung auf Bohrerdurchmesser 8 mm und größer über adaptive Systeme.

Unter dem Sammelbegriff 'Adaptive Systeme' werden beliebige Systeme zusammengefasst, die einer Anpassungslogik folgen. Die Besonderheit der adaptiven Regelung besteht hingegen darin, dass sie auf ein verändertes Übertragungsverhalten der Regelstrecke mit einer Änderung der Reglerparameter reagiert. Ferner werden die Begriffe 'Grenzregelung' und 'Optimierregelung' unterschieden. Bei der Grenzregelung wird die Regelgröße während der Bearbeitung auf einem vorgegebenen Grenzwert geführt. Bei der Optimierregelung wird die Stellgröße während der Bearbeitung so verändert, dass ein Optimum der Zielfunktion erreicht wird. Prozessspezifische Zielfunktionen sind beispielsweise minimale Fertigungskosten, eine abgestimmte Werkzeugstandlänge oder die Minimierung des Mittenverlaufs.

Aufgrund der damals zur Verfügung stehenden Rechnerleistung wurde die Reglerauslegung in den älteren Arbeiten zu adaptiven Regelungssystemen für das Tiefbohren nur anhand stark vereinfachter empirischer Ansätze durchgeführt, indem Abweichungen der Messgrößen Drehzahl, Vorschubgeschwindigkeit und Axialkraft vom Arbeitspunkt herangezogen wurden, [Baie85], [Chin87]. Beide Arbeiten berücksichtigen neben der mechanischen Bohrerbelastung bereits die Bedeutung des Spanabtransports für die Prozesssicherheit. Daher ergänzte CHIN [Chin87] sein Regelungskonzept mit einer Spanlängensteuerung. Um den Spanbruch aktiv zu beeinflussen, integrierte er als Stellglied ein Servoventil in die KSS-Zufuhr, das er mit unterschiedlichen Frequenzen ansteuern konnte, um KSS-Pulsationen zu erzeugen. Zur Steuerung der Spanlänge ermittelte er den Zusammenhang zwischen Spanlänge und Pulsationsfrequenz und hinterlegte vier einstellbare Pulsationsfrequenzen im System.

HAGEMEYER und WEINERT [Hage94], [Wein95] beschreiben den Aufbau eines Fuzzy-Control-Systems. Die Fuzzy-Logik wird anhand eines empirischen Prozessmodells entwickelt, das auf den Erkenntnissen von BAIER [Baie85] aufbaut. Bei der Definition der Regelstrategie wird bewusst auf den Einsatz modellbasierter Regler verzichtet und stattdessen Expertenwissen in Form von Regeln zur Stellgrößenveränderung hinterlegt. Um den Anpassungsaufwand bei variierenden Parametern zu begrenzen, werden die Regelgrößen und die Stellgröße relativ betrachtet und auf einen Referenzversuch normiert. Daher dienen die normierte Vorschubkraft und normierte Kriterien zur Darstellung der Spangüte als relative Regelgrößen sowie die Änderung der Vorschubgeschwindigkeit als relative Stellgröße. Allerdings werden die Regelgrößen nicht gemessen, sondern anhand eines empirischen Prozessmodells simuliert. Veränderungen des Prozessverhaltens werden in der Simulation durch Störgrößenaufschaltung provoziert, sodass eine entsprechende Reaktion des Systems beobachtet werden kann.

Aufbauend auf den Simulationsergebnissen des Fuzzy-Control-Systems beschreibt WEINERT in [Wein01] die Eignung unterschiedlicher Messgrößen zum Aufbau einer wissensbasierten Regelung der Dynamik des Einlippentiefbohrprozesses für den Werkzeugdurchmesser 7 mm. Anhand der Untersuchungen eignen sich Vorschubkraft, Bohrmoment, Luftschall und Spanfrequenz als Regelgrößen. Über die Identifikation potenzieller Regelgrößen hinaus sind keine Informationen über deren Verknüpfung innerhalb der wissensbasierten Regelung bekannt. Die Spanfrequenzmessung mittels Prallplatte und Beschleunigungssensor ist aufgrund der erforderlichen Sensitivität und Dynamik nicht auf kleine Werkzeugdurchmesser übertragbar.

SHENG [Shen00] beschreibt ein adaptives Grenzregelungssystem zur Bohrbearbeitung von Faserverbundwerkstoffen. Die Motivation zur Reglerparameteradaption besteht in der Berücksichtigung des veränderlichen Prozessverhaltens in der An- und Ausbohrphase sowie durch den zunehmenden Werkzeugverschleiß. Eine optimale Regleranpassung ist erforderlich, da ein Überschwingen der Regelgröße zum Zeitpunkt des Bohreraustritts eine Delamination des Faserverbundwerkstoffs und eine Bauteilbeschädigung zur Folge haben.

Zu den neuesten Entwicklungen im Bereich der Tiefbohrtechnik mit kleinen Werkzeugdurchmessern zählt die Überlagerung des Vorschubs mit zusätzlichen mechanischen Schwingungen [Heis03], [Heis06], [Heis07], [Heis08b]. Die Motivation zu diesen Entwicklungen resultiert aus der Zielsetzung, eine günstige Spanform und einen zuverlässigen Spanabtransport durch die Provokation des Spanbruchs zu erreichen. Durch eine dem Achsvorschub der Maschine überlagerte, axiale Werkzeugbewegung wird die Spanungsdicke h moduliert und der Spanbruch bei $h = 0$ erzwungen. In den meisten Fällen genügt es bereits, den Schnitt nicht vollständig zu unterbrechen ($h > 0$), sondern lediglich Schwachstellen durch Verringerung der Spanungsdicke in den Span einzubringen, um den Spanbruch zu unterstützen. Die piezoelektrischen Systeme zur axialen Schwingungseinkopplung sind bislang dem Forschungsumfeld vorbehalten und lassen sich hinsichtlich der Anregung unterscheiden:

- Anregung des Werkstücks im unteren Hörschallbereich und
- Anregung des Werkzeugs im Ultraschallbereich.

Die bislang gewonnenen Ergebnisse lassen darauf schließen, dass sich durch das Einkoppeln von Schwingungen im unteren Hörschallbereich [Heis03], [Heis06] sowie im Ultraschallbereich [Heis07], [Heis08b] die Leistungsfähigkeit des Einlippenbohrens steigern lässt. Im Folgenden werden beide Varianten beschrieben.

Anregung des Werkstücks im unteren Hörschallbereich:

HEISEL [Heis06] untersuchte am Durchmesser 2,5 mm die Auswirkungen von Hubamplitude und Hubfrequenz bei unterschiedlichen Vorschüben. Bild 2-18 zeigt den Aufbau des Systems zur piezoelektrischen Anregung des Werkstücks im unteren Hörschallbereich. Die Hubamplitude erwies sich dabei als geeignete Stellgröße zur Beeinflussung des Spanbruchs. Durch geeignete Wahl ließ sich die Spanlänge in günstigere Bereiche verschieben und die Produktivität im Vergleich zum konventionellen Prozess steigern. Darüber hinaus wurde die Oberflächenqualität untersucht. Entgegen früherer Untersuchungen [Heis03] erhöhte sich die Oberflächengüte mit steigender Hubfrequenz und erreichte in den durchgeführten Versuchen ein Optimum bei einer Hubfrequenz von 750 Hz. Mögliche Erklärungsansätze für die verbesserte Oberflächengüte sind die Vermeidung von Spanklemmern, die Reduktion der Aufbauschneidenbildung und Glättungseffekte der oszillierenden Führungsleisten.

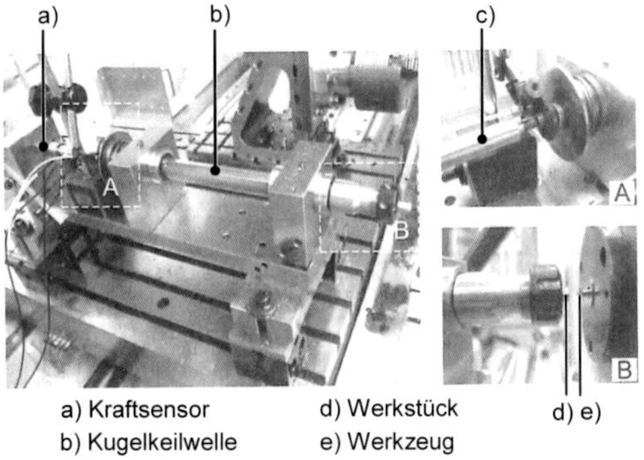

Bild 2-18: Aufbau zur Anregung des Werkstücks im unteren Hörschallbereich [Heis06]

Setup for stimulation of the work piece in the lower acoustic sonic range [Heis06]

Anregung des Werkzeugs im Ultraschallbereich:

In Analogie zu den im Vorfeld dargestellten Ergebnissen untersuchte HEISEL [Heis07], [Heis08b] die Beeinflussung des Spanbruchs durch axial eingekoppelte Schwingungen im Ultraschallbereich. Es wurden Tiefbohrversuche mit Werkzeugen vom Durchmesser 5 mm durchgeführt. Bei einem konstanten Umdrehungsvorschub f = 8 µm und einer konstanten Hubfrequenz von 20 kHz konnte bei steigender Hubamplitude A_H eine Abnahme der Spanlänge beobachtet werden. Bild 2-19 zeigt den Aufbau des Ultraschallaktors zur Werkzeuganregung und die bei unterschiedlichen Hubamplituden erzeugten Späne. Darüber hinaus wurde im Vergleich zum konventionellen Prozess eine Abnahme des Bohrmoments festgestellt. Mögliche Erklärungsansätze für die Abnahme des Bohrmoments sind der verbesserte Spanabtransport und die verringerte Reibung zwischen Werkzeug, Span und Bohrungsoberfläche.

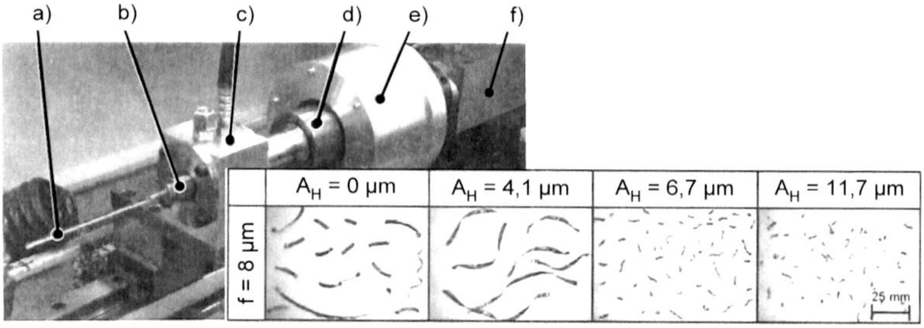

a) Werkzeug
b) Werkzeugaufnahme
c) Drehdurchführung
d) Rotor
e) Stator
f) Spindel

Bild 2-19: Aufbau zur Ultraschallanregung des Werkzeugs und erzeugte Späne [Heis08b]
Setup for ultrasonic stimulation of the tool [Heis08]

2.3 Fazit
Conclusion

In der industriellen Praxis ist es üblich, die Prozessparameter beim Tiefbohren mit Einlippenbohrern kleiner Durchmesser unabhängig vom aktuellen Prozessgeschehen vorzugeben. Chargenschwankungen, Härtegradienten, Werkstoffübergänge und Werkzeugverschleiß beeinflussen die Axialkraft und die Funktion des Spanabtransports beim Tiefbohren. Trotz des hohen KSS-Drucks beim Tiefbohren mit Einlippenbohrern kleiner Durchmesser nimmt bei hohem Zeitspanvolumen das Störungsaufkommen aufgrund von Spänestaus zu. Gelingt es dem Kühlschmierstoff nicht, den innerhalb der Spannut aufgelaufenen Spanpfropfen innerhalb kürzester Zeit aus der Bohrung herauszufördern, kommt es unweigerlich zum Werkzeugbruch, wenn die Störung nicht erkannt und entsprechend kompensiert wird.

Die Störungskompensation beim Tiefbohren war bereits vor Jahrzehnten Gegenstand von Forschungsarbeiten, die sich mit der Entwicklung von Regelungskonzepten für die Technologie beschäftigten [Stre75], [Rohs77], [Baie85], [Chin87]. Um eine möglichst schnelle Reaktion bei veränderlichen Prozessbedingungen einzuleiten, wurde in der Arbeit von BAIER [Baie85] sogar die Möglichkeit zur Reglerparameteradaption genutzt. Aufgrund der damals verfügbaren Rechenleistung konnte die Reglerauslegung innerhalb dieser Arbeit jedoch nur anhand stark vereinfachter, empirischer Ansätze durchgeführt werden.

Neuere Quellen aus dem Bereich der Regelungen für das Tiefbohren beschäftigen sich mit dem Aufbau wissensbasierter Systeme [Hage94], [Wein95], [Wein01]. Die wissenschaftliche Zielsetzung für wissensbasierte Systeme besteht in der systematischen Abbildung und Nutzung von Expertenwissen zur Regelung der Werkzeugbelastung und der Spangüte. Diese Zielsetzung unterscheidet sich daher grundlegend von der Zielsetzung adaptiver Regelungssysteme, die bei veränderlichen Prozessbedingungen eine maximale Störungskompensation durch Reglerparameteradaption anstreben.

Aus dem Stand der Erkenntnisse lassen sich in Bezug auf adaptive Regelungssysteme für das Tiefbohren folgende Defizite ableiten:

- Für die modellbasierte Regelung des Tiefbohrprozesses fehlen Methoden zur Identifikation des aktuellen Prozessverhaltens. Da die Festwertregelung keine Möglichkeit zur Anregung bietet, muss die Regelstrecke mit zusätzlichen Anregungsmustern beaufschlagt werden, aus denen eine Störung des Prozesses hervorgeht. Sowohl für die Identifikation am offenen Regelkreis als auch für die Identifikation am geschlossenen Regelkreis sind keine Informationen über technologisch geeignete Anregungsmuster und Vorgehensweisen zur Identifikation erhältlich.
- Es existiert keine Reglerauslegung, die einen optimalen Regelverlauf für das Tiefbohren mit Einlippenbohrern kleiner Durchmesser berücksichtigt. Im Falle einer Prozessstörung muss das Werkzeug durch eine schnelle und gezielte Reaktion des Reglers entlastet werden. Bestehende Heuristiken zur Reglerauslegung sind darauf ausgelegt, einen großen Anwendungsbereich abzudecken und die Stabilität des Regelkreises zu garantieren. Aufgrund ihres generalistischen Anspruchs finden individuelle Gütemaße keine Berücksichtigung, sodass ein großes Optimierungspotenzial besteht.
- In den bestehenden Forschungsarbeiten fehlt die Darstellung von technologischen Eigenschaften und Auswirkungen der Systeme. Die Potenziale der Reglerparameteradaption werden für die Technologie nicht anhand einer verbesserten Störungskompensation und einer Reduktion von Kraftspitzen ersichtlich.

Beim Tiefbohren resultiert ein Großteil des Störungsaufkommens aus Spänestaus. Daher wird Prozesssicherheit anhand der Frequenz beurteilt, mit der die Späne aus der Bohrung herausgespült werden [VDI3210], [Rohs77], [Baie85], [Chin87], [Wein01]. Aus dem Stand der Erkenntnisse lassen sich in Bezug auf die Messung der Spanfrequenz folgende Defizite ableiten:

- Die Spanraumüberwachung erfolgt beim Tiefbohren mit Einlippenbohrern kleiner Durchmesser ausschließlich anhand der Messung von KSS-Druck und KSS-Volumenstrom [Eich96], [Heis08a]. Beide Messgrößen sind zur Erfassung von massiven Spänestaus geeignet. Der KSS-Druck und der KSS-Volumenstrom beinhalten jedoch keine Information über die Regelmäßigkeit des Spanabtransports, sodass ihre Aussagekraft hinsichtlich der Prozesssicherheit eingeschränkt ist.

- Bislang gelingt es nicht, die Spanfrequenz beim Tiefbohren mit Einlippenbohrern kleiner Durchmesser zu erfassen. Bestehende Systeme stellen nicht die erforderliche Sensitivität und Dynamik bereit, sodass die Erfassung nur bei Werkzeugdurchmessern größer 5 mm gelingt [Chin87], [Wein00], [Löbb03].

Anhand der voranstehenden Ausführungen wird deutlich, dass keine adaptive Regelung für das Tiefbohren mit Einlippenbohrern kleiner Durchmesser existiert, die über eine Regelstreckenidentifikation während der Bearbeitung verfügt und somit in der Lage ist, das veränderliche Prozessverhalten entlang der Bohrtiefe online zu identifizieren und zu modellieren. Des Weiteren existiert keine Reglerauslegung, die prozesspezifische Gütemaße berücksichtigt und eine schnelle und gezielte Kompensation von Störungen ermöglicht. Schließlich ist die Erfassung der Spanfrequenz beim Tiefbohren mit Einlippenbohrern kleiner Durchmesser bislang nicht gelungen, sodass eine wesentliche Information zur Beurteilung der Prozesssicherheit nicht zur Verfügung steht.

3. Zielsetzung und Aufgabenstellung
Objective and tasks

Die wissenschaftliche Zielsetzung der vorliegenden Arbeit ergibt sich aus der Forderung, veränderliche Prozessbedingungen während der Bearbeitung zu identifizieren, geeignet zu modellieren, für eine prozessspezifische Reglerauslegung zu nutzen und schließlich die Auswirkungen der adaptiven Regelung auf die Technologie darzustellen. Durch die Fokussierung auf kleine Werkzeugdurchmesser entsteht eine besondere Herausforderung zur dynamischen Störungskompensation und zur Reduktion von Kraftspitzen.

Als Leitbild lässt sich folgende zentrale Forschungsfrage formulieren:

Inwiefern kann die Axialkraft bei veränderlichen Prozessbedingungen und massiven Störungseinflüssen durch Reglerparameteradaption im Zielkonflikt zwischen Stabilität und Dynamik auf einen vorgegebenen Wert geregelt werden?

Die Zielsetzung ist in Form einer vierstufigen Aufgabenstellung zu erreichen:

Als Erstes sind geeignete Methoden zur Regelstreckenidentifikation zu entwickeln, die das Prozessverhalten entlang des Bohrwegs fortwährend identifizieren und geeignet modellieren sollen. Die Notwendigkeit zur Online-Identifikation resultiert aus der ständigen Veränderung des Prozessverhaltens, bedingt durch Chargenschwankungen, Härtegradienten, Werkstoffübergänge und den zunehmenden Werkzeugverschleiß. Da die Festwertregelung keine Möglichkeit zur Systemanregung bietet, sind zusätzliche Anregungsmuster zu verwenden, die den Tiefbohrprozess minimal beeinflussen sollen.

Als Zweites ist eine Reglerauslegung zu entwickeln, die einen optimalen Regelverlauf hervorrufen soll. Bestehende Heuristiken sind darauf ausgelegt, einen großen Anwendungsbereich abzudecken und die Stabilität des Regelkreises zu garantieren. Aufgrund ihres generalistischen Anspruchs entsteht für die spezifische Anwendung ein großes Optimierungspotenzial. Die Störungskompensation erfordert bei kleinen Werkzeugdurchmessern eine schnelle und gezielte Reaktion des Reglers. Daher sind prozessspezifische Anforderungen an die Regelgüte zu definieren und eine entsprechende Reglerauslegung zu entwickeln.

Als Drittes sind adaptive Regelungssysteme zu entwickeln und die entsprechenden Auswirkungen auf die Technologie darzustellen. Die voranstehenden Neuerungen der Regelstreckenidentifikation und der Reglerauslegung sind bei der Implementierung zu berücksichtigen. Die Herausforderung für die Systeme besteht darin, die Axialkraft bei veränderlichen Prozessbedingungen und massiven Störungseinflüssen auf einem vorgegebenen Wert zu regeln. Daher sind die Systeme anhand der Störungskompensation und der Reduktion von Kraftspitzen zu beurteilen.

Als Viertes ist die Messung der Spanfrequenz beim Tiefbohren mit Einlippenbohrern kleiner Durchmesser zu ermöglichen. Die Spanfrequenz ist eine wichtige Messgröße zur Beurteilung der Prozesssicherheit, allerdings stellt die Erfassung beim Tiefbohren kleiner Durchmesser hohe Anforderungen an die Dynamik und die Sensitivität der einzusetzenden Messtechnik. Um die Messergebnisse entsprechend zu interpretieren und technologisch zu nutzen, soll abschließend ein Konzept zur Störungsprävention aufgrund von Spänestaus entwickelt werden.

Wenn es gelingt, die Auswirkungen von Prozessstörungen auf ein unkritisches Maß zu reduzieren, wird es möglich, den Prozess trotz vorhandener Störungen über ein adaptives Regelungssystem sicher zu beherrschen. Wenn es darüber hinaus gelingt, die Spanfrequenz für eine Beurteilung der Zuverlässigkeit des Spanabtransports beim Tiefbohren mit Einlippenbohrern kleiner Durchmesser zur Verfügung zu stellen, ist eine wesentliche Voraussetzung geschaffen, zukünftig das Störungsaufkommen aufgrund von Spänestaus durch präventive Maßnahmen reduzieren zu können.

Nur wenn alle Aufgaben systematisch und erfolgreich bearbeitet werden, entsteht erstmals ein umfassender Beitrag zur adaptiven Regelung für das Tiefbohren kleiner Durchmesser, der sowohl die Informations- als auch die Technologielücken zwischen dem Stand der Erkenntnisse und der oben definierten Zielsetzung schließt.

4. Entwicklung von Methoden zur Regelstreckenidentifikation
Development of methods for plant identification

Die Regelstreckenidentifikation besitzt die Aufgabe, den Zusammenhang zwischen Stell- und Regelgröße zu ermitteln und in einem Modell abzubilden. Beim Tiefbohren verändert sich das Prozessverhalten entlang des Bohrwegs ständig. Die technologischen Ursachen hierfür liegen in Chargenschwankungen, Härtegradienten, Materialübergängen sowie im zunehmenden Werkzeugverschleiß. Aus regelungstechnischer Sicht entsprechen die Prozessveränderungen einer Veränderung der Regelstreckeneigenschaften, die mathematisch durch Übertragungsfunktionen modellierbar sind. Somit besteht die Herausforderung darin, während des Bohrens die Übertragungsfunktion kontinuierlich und sicher zu identifizieren.

Für das weitere Verständnis ist es hilfreich, in Kapitel 4.1 zunächst die Regelstreckenkomponenten und den Aufbau des Regelkreises zu beschreiben. In Kapitel 2.2.2 wurde dargestellt, dass sich die Regelstreckenidentifikation direkt und rekursiv durchführen lässt. Für beide Varianten sind prozessspezifische Methoden entwickelt worden, die in den Kapiteln 4.2 und 4.3 vorgestellt werden.

4.1 Regelstreckenkomponenten und Aufbau des Regelkreises
Plant components and setup of the control loop

Als Prüfstand für die Untersuchungen wird eine Tiefbohrmaschine TBT ML200 verwendet. Die KSS-Versorgungseinheit ist in der Lage, Drücke von bis zu 20 MPa zu erzeugen und eignet sich daher für den Einsatz von Einlippenbohrwerkzeugen kleiner Durchmesser. Die weiteren Informationen adressieren folgende Elemente:

- Steuerung der axialen Vorschubgeschwindigkeit,
- Axialkraftmessung,
- Datenerfassung und -ausgabe sowie
- Aufbau des Regelkreises.

Steuerung der axialen Vorschubgeschwindigkeit:

Die Maschinensteuerung Siemens 840D verfügt über analoge Ein- und Ausgänge. Ein analoges Eingangsmodul ist im Bearbeitungsprogramm mit der axialen Vorschubgeschwindigkeit v_f verknüpft. Bild 4-1 zeigt das Prinzip zur Steuerung von v_f.

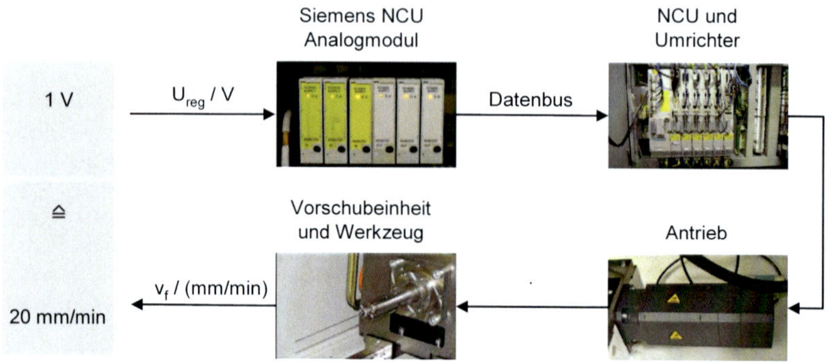

Bild 4-1: Steuerung der axialen Vorschubgeschwindigkeit
Control of the axial feed velocity

Die analoge Spannung U_{reg} (0 bis 10 V) wird im Modul innerhalb von 74 µs mit 12 Bit digitalisiert und über einen Datenbus an die Numerical Control Unit (NCU) übertragen. Das Modul wurde innerhalb der NCU linear parametriert, sodass eine anliegende Spannung von 1 V einer Sollgeschwindigkeit des Z-Achsvorschubs von 20 mm/min entspricht. Die Sollvorgabe wird vom Lageregelkreis der Maschine über den Umrichter und den Antrieb der Vorschubeinheit realisiert.

Axialkraftmessung:

Eine piezoelektrische Kraftmessplattform Kistler 9257 B wurde auf dem Kreuzschlitten der Maschine montiert. Die Kraftmessplattform wird zur Messung der axialen Werkzeugbelastung F_z eingesetzt. Die auf die Messplattform ausgeübte Kraft führt zu einer proportionalen Ladungsverschiebung ΔQ in den piezoelektrischen Sensoren der Plattform. Ein Messverstärker Kistler 5019B wandelt die Ladungsverschiebung proportional in ein analoges Spannungssignal. Um das Signal für die digitale Erfassung im Messrechner mit einer Abtastrate f_{ab} = 10 kHz vorzubereiten, wird es im Verstärker mit einer Grenzfrequenz f_g = 1 kHz tiefpassgefiltert, sodass das Nyquist-Shannon-Abtasttheorem $f_{ab} > 2\ f_g$ erfüllt ist. Die Skalierung zwischen Kraft und Messspannung beträgt 20:1, sodass eine Kraft von 20 N einer Spannungsausgabe von 1 V entspricht, Bild 4-2.

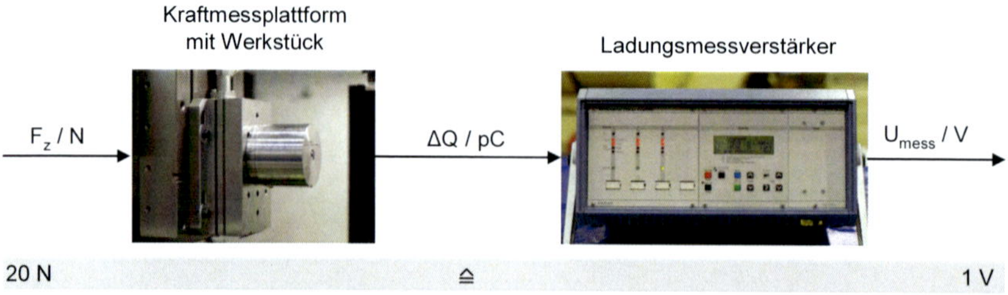

Bild 4-2: Axialkraftmessung
Axial force measurement

Datenerfassung und -ausgabe:

Zur Datenerfassung und -ausgabe wird ein Messrechner eingesetzt, der über eine Messkarte National Instruments PCI-6221 M-Series DAQ und einer Anschlussbox National Instruments BNC-2110 verfügt. Die Messspannung U_{mess} wird von der Messkarte erfasst und mit dem Faktor 20 skaliert, sodass eine Eingangsspannung von 1 V einer Kraft von 20 N entspricht, Bild 4-3. Als Entwicklungsumgebung dient die Software LabVIEW.

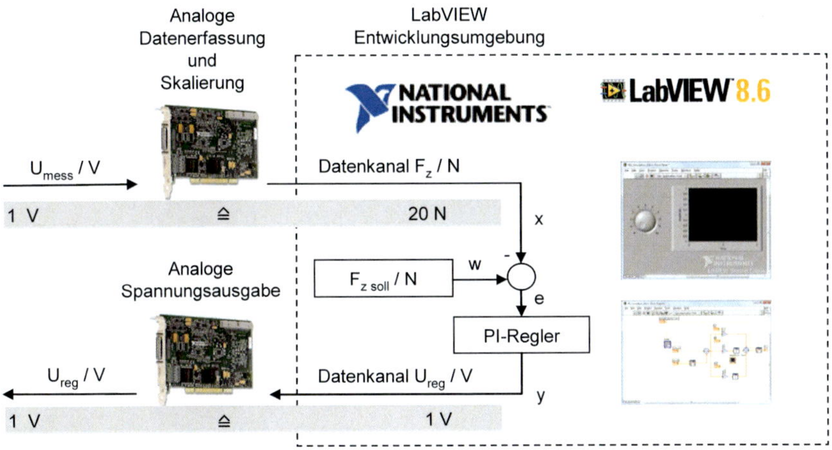

Bild 4-3: Datenerfassung und -ausgabe
Data acquisition and output

Aufbau des Regelkreises:

Zur Beschreibung der in den Kapiteln 4.2 und 4.3 erläuterten Identifikationsmethoden wird der Aufbau des Regelkreises erläutert. Als Regelgröße x wird die Axialkraft F_z und als Stellgröße y wird die Ausgabespannung des Reglers U_{reg} zur Steuerung der Vorschubgeschwindigkeit v_f gewählt, Bild 4-4.

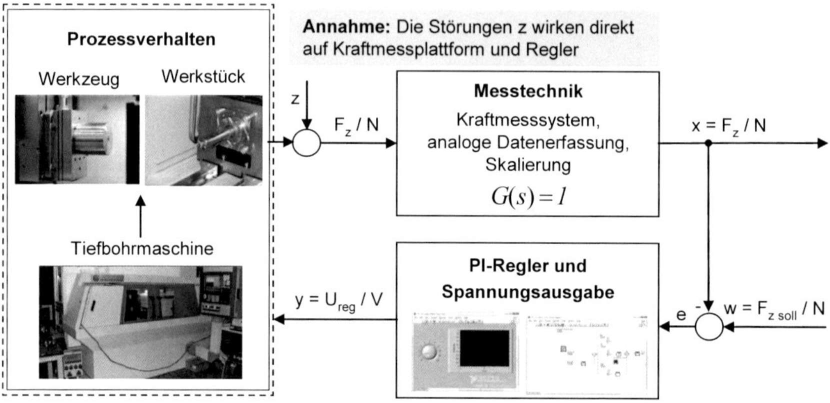

Bild 4-4: Aufbau des Regelkreises
Setup of the control loop

Das Prozessverhalten unterliegt ständigen Veränderungen, die aus der Interaktion von Maschine, Werkstück und Werkzeug hervorgehen. Daher ist die Übertragungsfunktion des Prozessverhaltens zunächst unbekannt und wird in Bild 4-4 als Blackbox angesehen.

Prozessstörungen, die z.B. durch Spänestaus hervorgerufen werden, wirken unmittelbar auf die Kraftmessplattform und somit auch unmittelbar auf den Regler. Daher ist die Auslegung des Regelkreises für gutes Störungsverhalten identisch mit der Auslegung für gutes Führungsverhalten.

Das Übertragungselement 'Messtechnik' beinhaltet das Kraftmesssystem, die analoge Datenerfassung und die Skalierung. Es dient der Transformation der Axialkraft F_z in einen digitalen Messkanal. Der zeitliche Verzögerungseinfluss des Elements wird als vernachlässigbar gering angenommen, sodass sich die Übertragungsfunktion G(s) aus der Multiplikation der Proportionalfaktoren ergibt:

$$G(s) = \frac{1}{20}\frac{V}{N} \cdot 20\frac{N}{V} = 1. \tag{4.1}$$

Die zuvor erläuterten Übertragungselemente 'Prozessverhalten' und 'Messtechnik' werden im Folgenden als 'Regelstrecke' bezeichnet. Die Regelstreckenidentifikation besitzt die Aufgabe, die Übertragungsfunktion beider Elemente zu ermitteln und zu modellieren. Mathematisch entspricht die Übertragungsfunktion des Prozessverhaltens der gesamten Regelstrecke, da die Übertragungsfunktion der Messtechnik als neutrales Element bezüglich der Multiplikation gewählt wurde, Formel (4.1).

Das dritte Übertragungselement enthält den PI-Regler und die Spannungsausgabe. Als Eingang dient die Regelabweichung e, die sich aus der Differenz zwischen dem Sollwert der Axialkraft $F_{z\,soll}$ und der gemessenen Axialkraft F_z ergibt. Aus der Regelabweichung wird anhand der Übertagungsfunktion des Reglers die analoge Spannung U_{reg} berechnet und als Stellgröße y von der Messkarte ausgegeben. Die Übertragungsfunktion des PI-Reglers lautet:

$$G(s) = K_C \cdot \left(1 + \frac{1}{T_i \cdot s}\right). \qquad (4.2)$$

4.2 Entwicklung einer Methode zur direkten Regelstreckenidentifikation am offenen Regelkreis

Development of a method for direct plant identification in the open control loop

Zur Anwendung eines parametrischen Identifikationsverfahrens muss eine Modellstruktur vorgegeben werden. Um einen geeigneten Ansatz für die in Kapitel 4.1 beschriebene Regelstrecke zu ermitteln, wurden Tiefbohrversuche in 100Cr6 durchgeführt. Tabelle 4-1 zeigt die verwendeten Parameter.

Tabelle 4-1: Versuchsparameter zur Ermittlung einer geeigneten Modellstruktur
Test parameters for investigation of a suitable model structure

Prozessparameter	v_c / (m/min)	p_{KSS} / MPa	U_{reg} / V
	70	14	2,5 V bzw. 7,0 V
Werkzeugparameter	*D / mm*	*L / mm*	κ_r / °
	2	210	30/40

In 40 mm Bohrtiefe wurde die Stellgröße sprungförmig von U_{reg} = 2,5 V auf U_{reg} = 7 V erhöht, Bild 4-5.

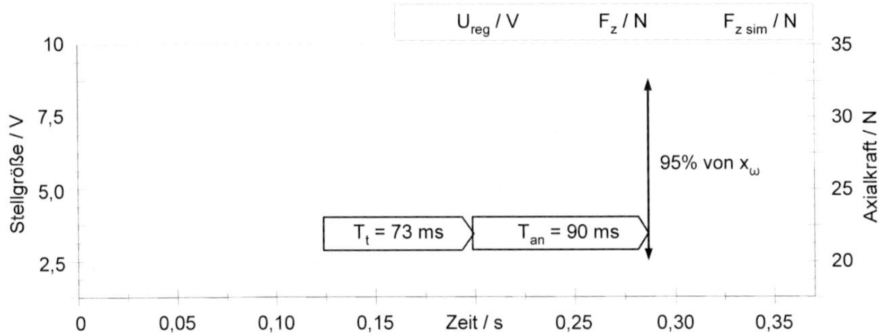

Bild 4-5: Prozessverhalten mit ursprünglichen Maschinensteuerungsparametern
Process behaviour with original machine control parameters

Um die Dynamik der Regelstrecke zu verbessern, wurden im Vorfeld weiterer Untersuchungen der Interpolationstakt, der Interpolationsfaktor, die Z-Achsbeschleunigung und der Proportionalfaktor K_v des Geschwindigkeitsregelkreises der Maschinensteuerung verändert. Die Veränderungen führten zu deutlichen dynamischen Verbesserungen. Die Gültigkeit des gewählten Modellansatzes bleibt davon jedoch unberührt, Bild 4-6.

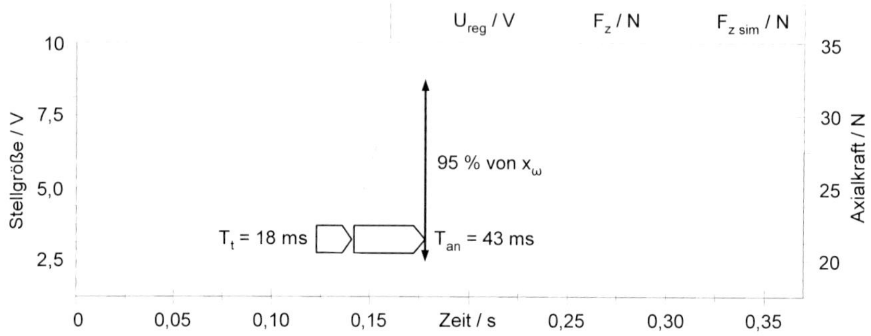

Bild 4-6: Prozessverhalten mit verbesserten Maschinensteuerungsparametern
Process behaviour with improved machine control parameters

Die Totzeit wurde um ca. 75% des ursprünglichen Wertes von 73 ms auf 18 ms verkürzt. Die Anschwingzeit wurde von 90 ms auf 43 ms um ca. 50 % reduziert. Aufgrund der Veränderlichkeit der Regelstrecke sind die genannten Zahlenwerte lediglich als Richtwerte anzusehen, erlauben jedoch einen qualitativen Vergleich.

Die Sprungantwort des Axialkraftsignals F_z lässt sich in guter Näherung durch die simulierte Axialkraft $F_{z\,sim}$ modellieren, sodass ein PT1-Verhalten mit Totzeit als Modellansatz gewählt wird:

$$G(s) = \frac{K_s}{1 + T_s s} \cdot e^{-sT_t} . \tag{4.3}$$

Die freien Parameter des Modells sind als Proportionalfaktor K_s, Verzögerungszeit T_s und Totzeit T_t definiert. Nach der Definition des Modellansatzes muss eine Methode zur Bestimmung der freien Modellparameter entwickelt werden. Da der Regelkreis der Festwertregelung dient, muss während des Bohrens eine definierte Systemanregung erfolgen, die eine Auswertung der Systemantwort ermöglicht. Technologisch stellt die Anregung eine unerwünschte Störung des Prozesses dar. Daher ist die Anregung zu minimieren, gleichzeitig aber eine sichere Auswertung der Systemantwort zu gewährleisten.

Durch Analyse von Sprung und Sprungantwort kann das Übertragungsverhalten der Regelstrecke am offenen Regelkreis direkt ermittelt werden. In Bild 4-7 ist ein Signalverlauf dargestellt, der sich zur Anregung während des Bohrens eignet und die Störung des Prozesses minimiert.

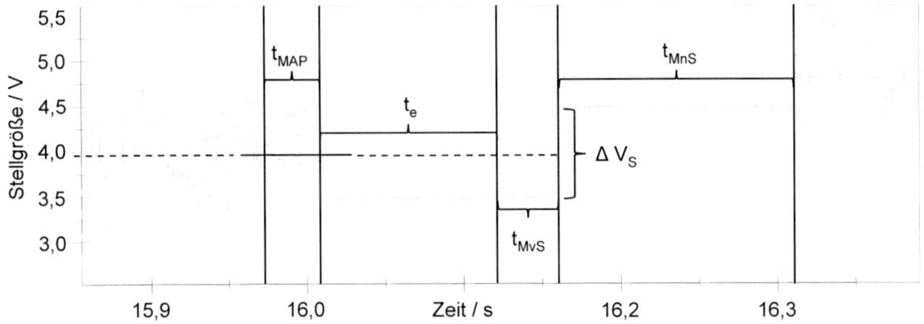

Bild 4-7: Signal zur Regelstreckenanregung während des Bohrens
Signal for plant stimulation during drilling

Um die sprungförmige Anregung der Regelstrecke symmetrisch um den Arbeitspunkt zu gestalten, muss zunächst die Lage des aktuellen Arbeitspunkts bei aktivem Regler ermittelt werden. Dazu wird der Mittelwert der Stellgröße im Intervall 'Messdauer Arbeitspunkt' t_{MAP} berechnet. Zum Zeitpunkt der Deaktivierung des Reglers wird die Stellgröße um die Hälfte der Sprungamplitude ΔV_s verringert. Nun folgt die 'Einschwingzeit vor dem Sprung' t_e, innerhalb derer sich das Kraftsignal an den neuen Stellgrößenwert anpassen soll. Im Anschluss beginnt die relevante Messdauer zur Identifikation. Sie gliedert sich in ein Intervall vor und nach dem Sprung. Im Intervall 'Messdauer vor dem Sprung' t_{MvS} wird der Mittelwert des Kraftsignals errechnet, der bei der Identifikation zum genauen Nullabgleich benötigt wird. Das Intervall 'Messdauer nach dem Sprung' t_{MnS} beinhaltet den Signalverlauf der Sprungantwort. Zum Abschluss der Stimulationsphase wird der Regler wieder aktiviert.

Das mit dieser Methode generierte Signalpaar, bestehend aus einer definierten sprungförmigen Regelstreckenanregung und der entsprechenden Sprungantwort des Systems, kann im Folgenden zur Modellbildung verwendet werden. Die Software LabVIEW bietet im 'System Identification Toolkit' Funktionsbausteine zur parametrischen Bestimmung kontinuierlicher Übertragungsfunktionen an. Als Modellstruktur wurde das in Formel (4.3) dargestellte PT1-Verhalten mit Totzeit bereits definiert. Somit sind als freie Parameter der Proportionalfaktor K_s, die Verzögerungszeit T_s und die Totzeit T_t zu identifizieren. Um eine gute Näherung zwischen Modell und realem Prozessverhalten zu erreichen, verwendet die Software einen dreistufigen Algorithmus [Nisi06]:

- Berechnung eines diskreten Modells mit der Prädiktionsfehlermethode,
- Transformation des diskreten Modells in ein kontinuierliches Modell,
- Optimierung des kontinuierlichen Modells durch den Gauß-Newton-Algorithmus.

Die Methode zur direkten Regelstreckenidentifikation wird innerhalb eines adaptiven Regelungssystems angewendet und hinsichtlich ihrer Eigenschaften und Auswirkungen auf die Technologie untersucht, Kapitel 6.1. Darüber hinaus liefert sie den relevanten Parameterraum für die betrachtete Regelstrecke, Tabelle 4-2.

Tabelle 4-2: Parameterraum der Regelstrecke
Parameter frame of the plant

Streckenparameter	K_s	T_s / s	T_t / s
Zulässiger Wertebereich	1 bis 8	0,01 bis 0,05	0,01 bis 0,06

4.3 Entwicklung einer Methode zur rekursiven Regelstreckenidentifikation am geschlossenen Regelkreis

Development of a method for recursive plant identification in the closed control loop

Die rekursive Regelstreckenidentifikation besitzt den Vorteil, dass die vorausgehenden Identifikationsergebnisse bei der Aktualisierung des Prozessverhaltens teilweise berücksichtigt werden. Bei geeigneter Wahl der Konvergenzgeschwindigkeit verfügt sie daher über eine größere Störungstoleranz im Vergleich zur direkten Identifikation, die lediglich einen einzigen Identifikationszyklus zur vollständigen Neuberechnung des Prozessmodells nutzt.

Ein wesentliches Differenzierungsmerkmal der im Folgenden dargestellten Methode ist die Identifikation des Prozessverhaltens am geschlossenen Regelkreis. Der Regler bleibt ohne Unterbrechung aktiv, sodass der Werkzeugschutz auch während der Identifikation uneingeschränkt erhalten bleibt.

Zur Entwicklung und Darstellung der Methode ist es hilfreich, den geschlossenen Regelkreis zunächst zu simulieren. Anschließend kann die simulierte Regelstrecke durch eine geeignete Signalvorverarbeitung und den realen Tiefbohrprozess ersetzt werden, Kapitel 6.2.

Die Regelkreisstruktur basiert auf dem in Bild 2-15 dargestellten gesteuerten Adaptionsverfahren mit reduzierter Datenrate zur Identifikation. Um eine Anregung und Identifikation am geschlossenen Regelkreis durchführen zu können, muss die bestehende Struktur jedoch wesentlich erweitert und modifiziert werden, Bild 4-8.

Die Strukturveränderungen betreffen folgende Elemente:

- Es wird eine Systemanregung mit zwei harmonischen Schwingungen unterschiedlicher Frequenz verwendet.
- Die Sinuswellen durchlaufen die Umkehrfunktion der identifizierten Regelstrecke ohne Totzeit und werden anschließend der Spannungsausgabe hinzuaddiert.
- Die anregenden Sinusschwingungen werden um die Totzeit verschoben und von der Regelgröße subtrahiert, bevor die Regelgröße an den Regler weitergegeben wird.
- Das Spannungsausgabesignal durchläuft ein simuliertes Regelstreckenmodell ohne Totzeit und wird anschließend an das Identifikationsmodul weitergegeben.

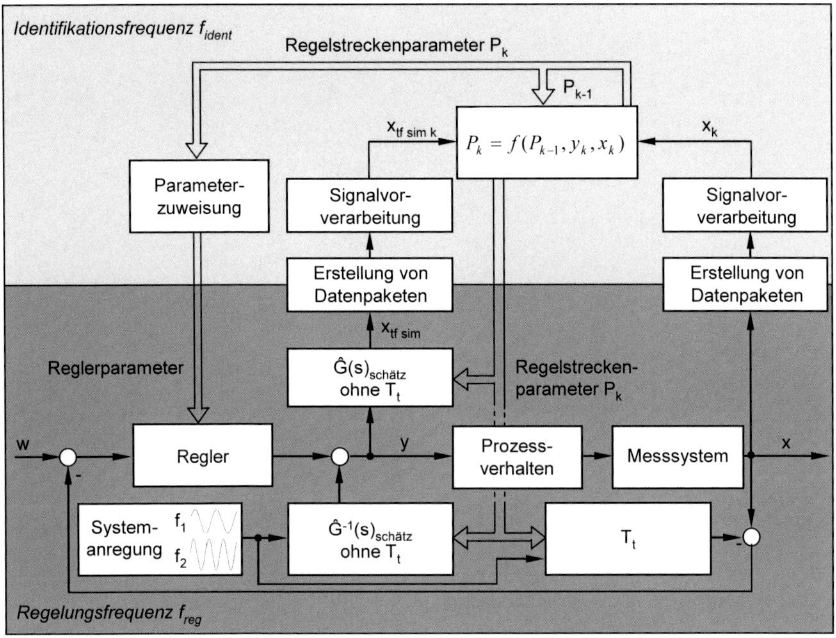

Bild 4-8: Regelkreisstruktur zur rekursiven Identifikation am geschlossenen Regelkreis
Closed loop structure for recursive identification in the closed control loop

Nachfolgend wird die in Bild 4-8 dargestellte Regelkreisstuktur erläutert, indem folgende Entwicklungsschritte beschrieben werden:

- Spezifikation der Anregung,
- Anregung des offenen Regelkreises,
- Anregung des geschlossenen Regelkreises und
- Kompensation der angeregten Systemantwort im geschlossenen Regelkreis.

Spezifikation der Anregung:

Das Regelstreckenmodell wurde anhand Bild 4-6 als PT1-Verhalten mit Totzeit modelliert. Da die Festwertregelung keine ausreichende Möglichkeit zur Systemanregung bietet, muss zur rekursiven Identifikation der freien Modellparameter K_S, T_S und T_t eine entsprechende Anregung geschaffen werden. Hierzu werden zwei harmonische Schwingungen benötigt, deren Frequenzen sich von den charakteristischen Frequenzen innerhalb des prozessbedingten Axialkraftspektrums deutlich unterscheiden. Bild 4-9 zeigt die Fast-Fourier-Transformation (FFT) eines Axialkraftsignals, das durch eine Axialkraftregelung auf 31 N beim Tiefbohren in 100Cr6 mit 2 mm Werkzeugduchmesser und 70 m/min Schnittgeschwindigkeit erzeugt wurde.

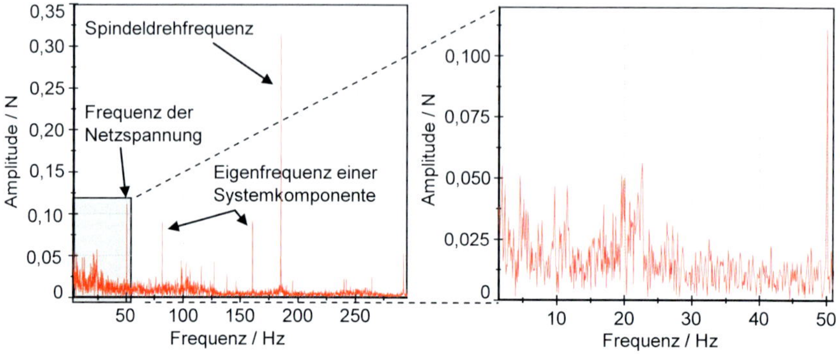

Bild 4-9: Charakteristisches Frequenzspektrum der Axialkraft
Characteristic frequency spectrum of the axial force

Im Bereich unter 250 Hz dominieren die Spindeldrehfrequenz bei 182 Hz und die Frequenz der Netzspannung bei 50 Hz. Darüber hinaus sind die Eigenfrequenz einer Systemkomponente bei 85 Hz und deren zweite Ordnung bei 170 Hz zu erkennen. Beide Frequenzen bleiben auch bei veränderten Prozessparametern erhalten. Eine Modalanalyse der Maschinenstruktur wurde nicht durchgeführt, da der für die Anregung relevante Frequenzbereich unter 10 Hz nicht davon betroffen ist und keine weiteren charakteristischen Frequenzen beinhaltet.

Zur Identifikation des Proportionalfaktors K_s wird eine quasistatische Anregung benötigt, um den stationären Endwert der Systemantwort näherungsweise zu erfassen. Die Identifikation der Verzögerungszeit T_s erfordert hingegen eine dynamischere Anregung, um das Ausgleichsverhalten der Systemantwort zu erfassen. Die Anschwingzeit T_{an} der Regelstrecke bietet mit etwa 43 ms eine gute Orientierung zur Definition sinnvoller Anregungsfrequenzen: Innerhalb einer einzigen harmonischen Schwingung erfolgt viermal eine Anregung des Systems um den Betrag der Amplitude. Die Dauer einer Schwingung mit vier Anregungen von je 43 ms beträgt 172 ms. Daraus folgt eine entsprechende Frequenz von 5,8 Hz. Bei einer Anregung unterhalb von 5,8 Hz wird der stationäre Endwert der Systemanwort zu mehr als 95% erreicht, Bild 4-6. Bei einer Anregung oberhalb von 5,8 Hz weist die Systemantwort hingegen noch Ausgleichsverhalten auf. Anregungsfrequenzen von 2 Hz und 8 Hz stellen somit sinnvolle Werte dar, um einerseits den stationären Endwert und andererseits das Ausgleichsverhalten der Systemantwort zu erfassen.

Die Amplitude der Anregung muss eine sichere Auswertung der Systemantwort gewährleisten und beschreibt gleichzeitig das Ausmaß der Prozessstörung, die mit der Identifikation verbunden ist. Für das Verständnis der rekursiven Methode und die einheitliche Darstellung in den folgenden Diagrammen ist es hilfreich, der Amplitude einen konkreten Wert zuzuweisen. Um eine sichere Auswertung der Systemantwort zu gewährleisten, erfordert die Anwendung der rekursiven Methode in Kapitel 6.2 und 6.3 eine minimale Amplitude von F_z = 0,25 N für beide Anregungsfrequenzen.

Anregung des offenen Regelkreises:

Bild 4-10 zeigt die Signalverläufe einer sinusförmigen Systemanregung im offenen Regelkreis. Hinsichtlich der Indizierung entsprechen $\hat{G}(s)$ der geschätzten und $G(s)$ der tatsächlichen Übertragungsfunktion. Die Anregung kann unmittelbar als Kraftamplitude vorgegeben werden, um den Betrag der Störung aufgrund der harmonischen Anregung definieren zu können. Durch die Umkehrfunktion $\hat{G}^{-1}(s)$ erfolgt eine Umrechnung der Kraftamplitude zur Stellgröße U_{reg}.

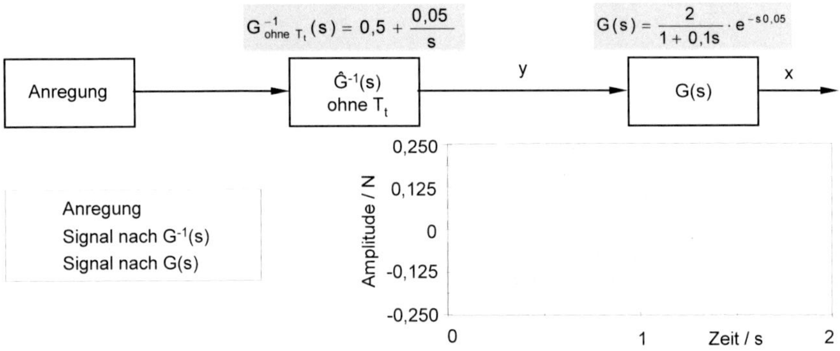

Bild 4-10: Sinusanregung des offenen Regelkreises
Sinusoidal stimulation of the open control loop

Nachdem die Anregung die Umkehrfunktion des geschätzten Streckenmodells ohne Totzeit sowie die reale Strecke durchlaufen hat, entsprechen Amplitude und Frequenz der Systemantwort wieder der Anregung, sofern keine Abweichung zwischen $\hat{G}(s)$ und $G(s)$ vorliegt. Unter der Annahme einer korrekt identifizierten Regelstrecke tritt lediglich ein Zeitversatz auf, da die Totzeit nicht in der Umkehrfunktion berücksichtigt wird.

Anregung des geschlossenen Regelkreises:

Im geschlossenen Regelkreis wirkt der Regler allen im Axialkraftsignal enthaltenen Abweichungen entgegen, demzufolge auch der angeregten Systemantwort. Daher bleibt die Amplitude der Anregung nicht vollständig in der Systemantwort erhalten. Die Diagramme in Bild 4-11 verdeutlichen den Einfluss der Reglerparameter auf die Amplitude der angeregten Systemantwort. Während die Amplitude der Anregung bei schwachen Reglerparametern in der Systemantwort nahezu erhalten bleibt, wird sie bei starken Reglerparametern entsprechend stärker gedämpft. Um die Reglerparameterwahl nicht zusätzlichen Beschränkungen aufgrund der Regelkreisstruktur unterwerfen zu müssen, ist eine Kompensation der angeregten Systemantwort erforderlich.

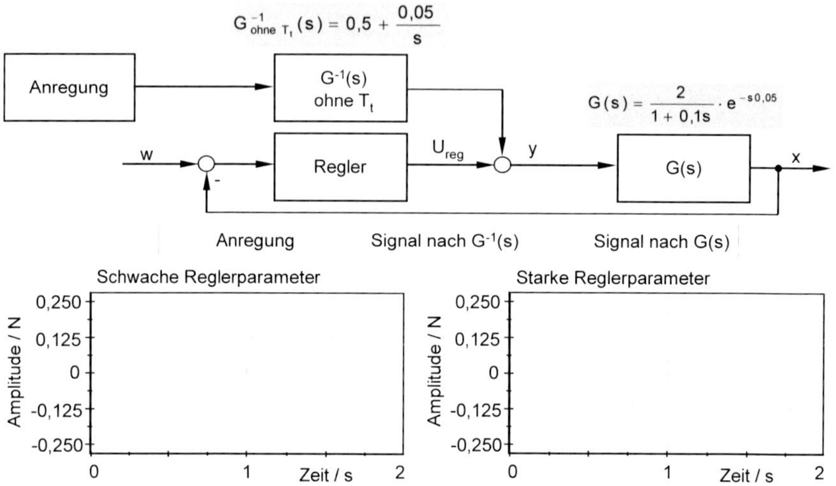

Bild 4-11: Sinusanregung des geschlossenen Regelkreises

Sinusoidal stimulation of the closed control loop

Kompensation der angeregten Systemantwort im geschlossenen Regelkreis:

Zur Kompensation der angeregten Systemantwort wird die Anregung um die geschätzte Totzeit der Regelstrecke verschoben und vor dem Regler von der Regelgröße subtrahiert, Bild 4-12.

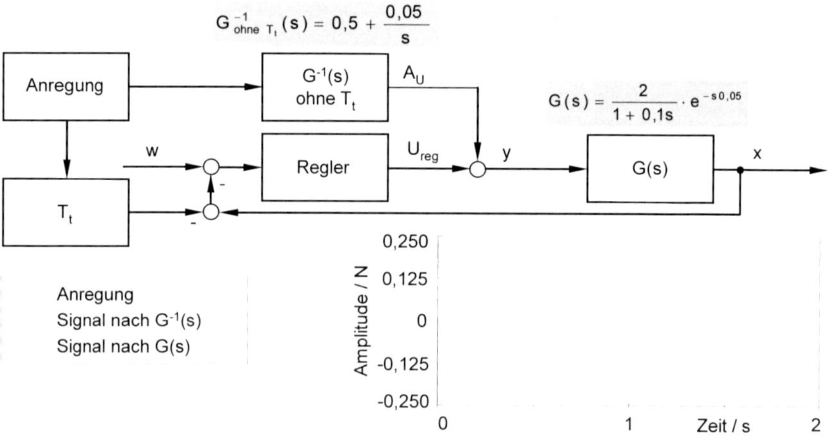

Bild 4-12: Sinusanregung des geschlossenen Regelkreises mit Kompensation

Sinusoidal stimulation of the closed control loop with compensation

Unter der Voraussetzung einer korrekten Schätzung wird die angeregte Systemantwort vollständig kompensiert, da die Amplituden von Anregung und angeregter Systemantwort identisch sind. Die Regelkreisstruktur in Bild 4-12 entspricht der in Bild 4-8 dargestellten Struktur ohne die Erweiterungen zur Regelstreckenidentifikation und Reglerparameteradaption.

Im Folgenden wird der Signalfluss von der Anregung zur Identifikation beschrieben, Bild 4-13. Die in den Diagrammen a) bis d) dargestellten Signale entsprechen den nummerierten Positionen im Signalfluss.

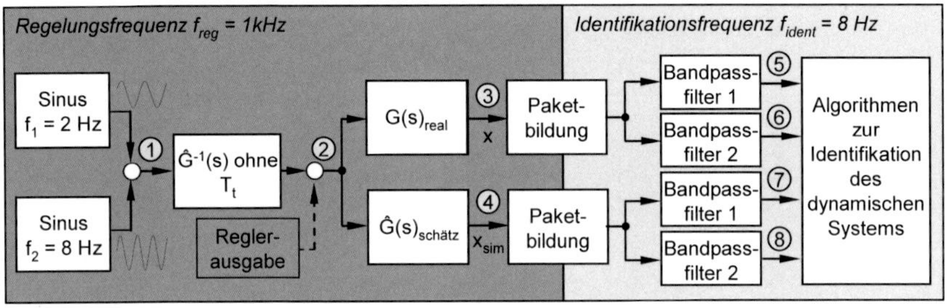

Streckenparameter: G(s): K_s = 1,5, T_s = 0,04 s, T_t = 0,02 s $\hat{G}$(s): $K_{s\hat{G}}$ = 2, $T_{s\hat{G}}$ = 0,027 s

Filterparameter: Bandpassfilter 1: Bessel 3. Ordnung, 1,5 - 2,5 Hz

Bandpassfilter 2: Bessel 3. Ordnung, 7 - 9 Hz

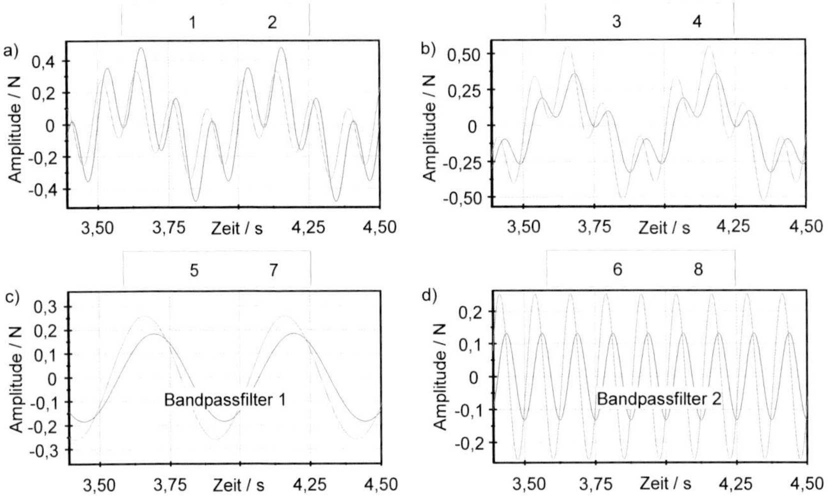

Bild 4-13: Signalfluss von der Anregung zur Identifikation

Signal flow from stimulation to identification

Die Anregungssignale von 2 Hz und 8 Hz werden im Summenpunkt 1 zusammengeführt, sodass Signal 1 entsteht. Anschließend durchläuft das gesamte Anregungssignal die Umkehrfunktion des geschätzten Regelstreckenmodells ohne Totzeit, sodass Signal 2 entsteht. Im realen Prozess würde im Summenpunkt 2 die Spannungsausgabe des

Reglers addiert. Um die Nachvollziehbarkeit der Effekte zu erleichtern, wird die Reglerausgabe zunächst zu Null definiert. Die Anwendbarkeit der Methode bei einer Reglerausgabe ungleich Null wird durch die enge Bandpassfilterung erzielt. Sie ermöglicht es, die Systemantwort aufgrund der Anregung auch bei überlagerter Reglerausgabe zu isolieren. Diagramm b) zeigt die Signale der realen Regelgröße x und der simulierten Regelgröße x_{sim} an den Punkten 3 und 4 vor der Übergabe an die erweiterte Regelkreisstruktur. Sofern Abweichungen zwischen der aktuellen Übertragungsfunktion G(s) und der geschätzten Übertragungsfunktion $\hat{G}(s)$ bestehen, unterscheiden sich x und x_{sim}. Um das Amplitudenverhältnis und den Zeitversatz zwischen den Signalen für beide Frequenzen isoliert bestimmen zu können, werden x und x_{sim} entsprechend Bandpass gefiltert. Im Anschluss an die Filterung stehen x und x_{sim} als 2 Hz-Signalpaar an den Punkten 5 und 7 zur Auswertung der Effekte bereit, Diagramm c). Entsprechendes gilt für x und x_{sim} als 8 Hz-Signalpaar an den Punkten 6 und 8 in Diagramm d).

Nach den voranstehenden Informationen über den Signalfluss von der Anregung zur Identifikation wird die Entwicklung der Identifikationslogik erläutert. Je Frequenz steht ein Signalpaar aus realer Regelgröße x und simulierter Regelgröße x_{sim} zur Verfügung, Diagramm c) und d) in Bild 4-13. Die Herausforderung der Identifikation besteht darin, anhand der geschätzten Regelstreckenparameter $K_{s\hat{G}}$, $T_{s\hat{G}}$ und $T_{t\hat{G}}$ sowie anhand der Effekte in beiden Signalpaaren auf die aktuellen Regelstreckenparameter K_s, T_s und T_t zu schließen. Um diesen eindeutigen Schluss zu ermöglichen, müssen die entsprechenden Zusammenhänge zunächst ermittelt werden. Bild 4-14 zeigt die Vorgehensweise zur Entwicklung der Identifikationslogik.

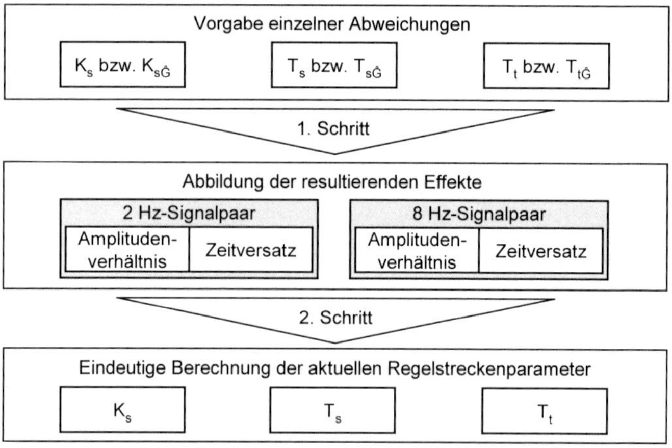

Bild 4-14: Vorgehensweise zur Entwicklung der Identifikationslogik
Procedure for the development of the identification logic

Im ersten Schritt werden für jeden einzelnen Modellparameter Abweichungen vorgegeben und die daraus resultierenden Effekte mathematisch abgebildet. Bei der Identifikation kann jedoch nicht davon ausgegangen werden, dass die Effekte nur durch die Abweichung eines einzelnen Modellparameters hervorgerufen werden. In der Realität überlagern sich die Effekte aufgrund der gleichzeitigen Abweichungen aller drei Modellparameter. Daher ist ein zweiter Schritt erforderlich, um die aktuellen Parameter K_s, T_s und T_t

eindeutig aus der Überlagerung von Effekten sowie den geschätzten Parametern zu bestimmen.

Abbildung der resultierenden Effekte:

In Bild 4-15 sind die Effekte der Abweichungen zwischen dem aktuellen Proportionalfaktor K_s und dem geschätzten Proportionalfaktor $K_{s\hat{G}}$ im 2 Hz-Signalpaar dargestellt.

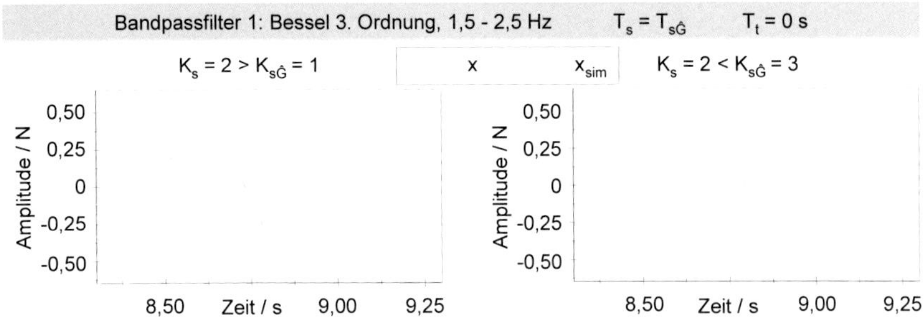

Bild 4-15: Effekte der Abweichung zwischen K_s und $K_{s\hat{G}}$ im 2 Hz-Signalpaar
Deviation effects between K_s and $K_{s\hat{G}}$ regarding the 2 Hz signal pair

Analog dazu, sind in Bild 4-16 die Effekte im 8 Hz-Signalpaar dargestellt.

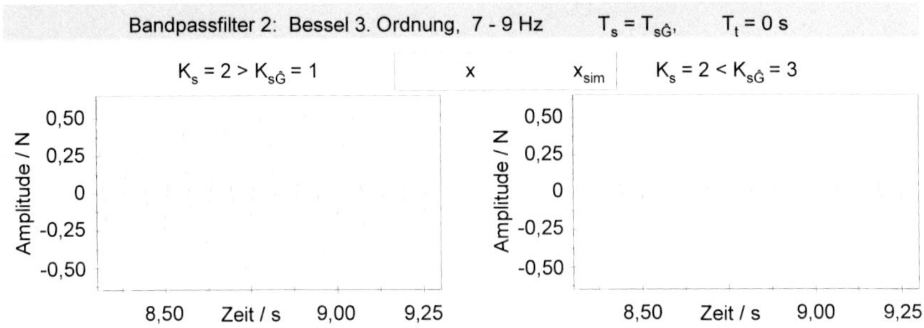

Bild 4-16: Effekte der Abweichung zwischen K_s und $K_{s\hat{G}}$ im 8 Hz-Signalpaar
Deviation effects between K_s and $K_{s\hat{G}}$ regarding the 8 Hz signal pair

In beiden Signalpaaren entsprechen die Amplituden von x_{sim} nach der Bandpassfilterung in guter Näherung der Anregung von $F_Z = 0{,}25$ N. Ist K_s größer als $K_{s\hat{G}}$, sind die Amplituden von x in beiden Frequenzen größer als die Amplituden von x_{sim}. Entsprechendes gilt für den umgekehrten Fall. Somit lässt sich für beide Frequenzen das Verhältnis zwischen den Amplituden der aktuellen Regelgröße A_{Fz} und den Amplituden der simulierten Regelgröße $\hat{A}_{Fz}$ mit dem Verhältnis der Proportionalfaktoren K_s zu $K_{s\hat{G}}$ gleich setzen:

$$\frac{A_{Fz}}{\hat{A}_{Fz}} = \frac{K_s}{K_{s\hat{G}}}. \tag{4.4}$$

Unter der Annahme, dass die Totzeit T_t und die Verzögerungszeit T_s zwischen dem aktuellen Prozess und dem geschätzten Modell übereinstimmen, kann aus dem Amplitudenverhältnis und dem verwendeten Schätzwert $K_{s\hat{G}}$ der aktuelle Proportionalfaktor K_s berechnet werden:

$$K_s = \frac{A_{Fz}}{\hat{A}_{Fz}} \cdot K_{s\hat{G}} \,. \qquad (4.5)$$

Ferner ist in Bild 4-15 und Bild 4-16 ersichtlich, dass sich der Zeitversatz der Signale bei Variation der Abweichung zwischen K_s und $K_{s\hat{G}}$ nicht verändert.

Bild 4-17 zeigt die Effekte der Abweichungen zwischen der aktuellen Verzögerungszeit T_s und der geschätzten Verzögerungszeit $T_{s\hat{G}}$ im 2 Hz-Signalpaar.

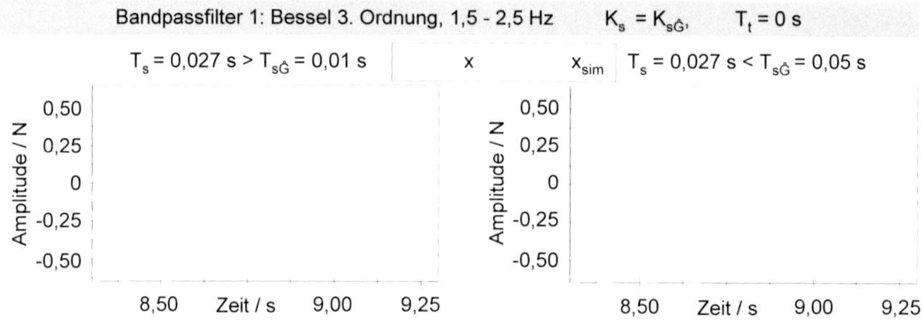

Bild 4-17: Effekte der Abweichung zwischen T_s und $T_{s\hat{G}}$ im 2 Hz-Signalpaar
Deviation effects between T_s and $T_{s\hat{G}}$ regarding the 2 Hz signal pair

Im 2 Hz-Signalpaar sind trotz großer Abweichungen zwischen den Verzögerungszeiten nur geringe Abweichungen in den Amplituden zu beobachten. Dennoch ist ein geringer Schleppfehler aufgrund der quasistatischen Anregung des dynamischen Systems vorhanden. Um den entstehenden Fehler abschätzen zu können, wird die Verfälschung des Amplitudenverhältnisses durch Simulation innerhalb des relevanten Intervalls der Verzögerungszeit aus Tabelle 4-2 ermittelt. Tabelle 4-3 zeigt die Simulationsergebnisse für den Proportionalfaktor $K_s = K_{s\hat{G}} = 1$.

Tabelle 4-3: Abweichungen des Amplitudenverhältnisses im 2 Hz-Signalpaar
Deviations of the magnitude ratio regarding the 2 Hz signal pair

T_s / s	A_{Fz2Hz} / V	$T_{s\hat{G}}$ / s	$\hat{A}_{Fz2Hz}$ / V	$A_{Fz2Hz}/\hat{A}_{Fz2Hz}$
0,01	0,248	0,01	0,248	1,000
0,01	0,248	0,03	0,234	1,060
0,01	0,248	0,05	0,212	1,170
0,05	0,212	0,01	0,248	0,855
0,05	0,212	0,03	0,234	0,906
0,05	0,212	0,05	0,212	1,000

Der maximal mögliche Fehler im Intervall der Verzögerungszeit von 0,01 s bis 0,05 s beträgt ± 17%. Aufgrund der zügigen Konvergenz von $T_{s\hat{G}}$ gegen T_s kann der maximale Fehler nur kurzzeitig auftreten. Die zu erwartenden Abweichungen sind deutlich geringer, da die volle Intervallbreite aus Tabelle 4-2 in der Regel nicht ausgeschöpft wird. Daher können Abweichungen des Amplitudenverhältnisses aufgrund einer ungenauen Schätzung von $T_{s\hat{G}}$ beim 2 Hz-Signalpaar vernachlässigt werden.

Der Zeitversatz zwischen den 2 Hz-Signalen entspricht in guter Näherung der Differenz von T_s und $T_{s\hat{G}}$:

$$\Delta t_{Ts2Hz} = \left(T_s - T_{s\hat{G}}\right) \tag{4.6}$$

Bild 4-18 zeigt die Effekte der Abweichungen zwischen T_s und $T_{s\hat{G}}$ im 8 Hz-Signalpaar.

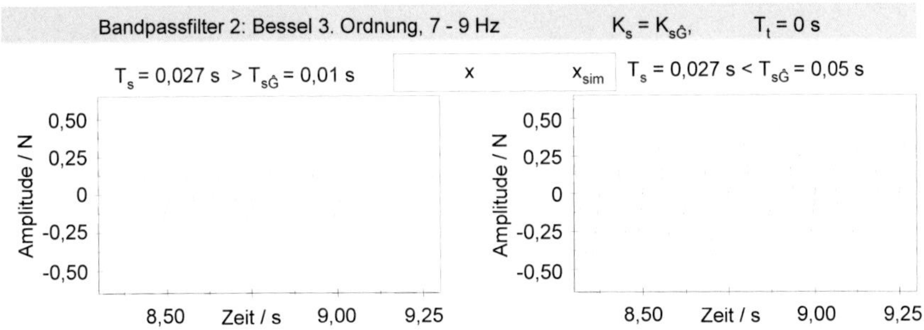

Bild 4-18: Effekte der Abweichung zwischen T_s und $T_{s\hat{G}}$ im 8 Hz-Signalpaar
Deviation effects between T_s and $T_{s\hat{G}}$ regarding the 8 Hz signal pair

Aufgrund der Abweichungen zwischen T_s und $T_{s\hat{G}}$ ergeben sich im 8 Hz-Signalpaar deutliche Unterschiede im Amplitudenverhältnis. Die dynamische Anregung verstärkt den Schleppfehler, sodass er im Gegensatz zur 2 Hz-Anregung nicht vernachlässigt werden kann. Wenn die aktuelle Verzögerungszeit T_s größer als der geschätzte Wert $T_{s\hat{G}}$ ist, so ist die Amplitude der aktuellen Schwingung kleiner als die Amplitude, die anhand der geschätzten Übertragungsfunktion simuliert wird. Entsprechendes gilt für den umgekehrten Fall. Um aus der Beobachtung einen mathematischen Zusammenhang zu generieren, wird der Effekt der Abweichungen zwischen $T_{s\hat{G}}$ und T_s auf das Amplitudenverhältnis durch Simulation ermittelt. Tabelle 4-4 zeigt die Simulationsergebnisse für den Proportionalfaktor $K_s = K_{s\hat{G}} = 1$.

Tabelle 4-4: Abweichungen des Amplitudenverhältnisses im 8 Hz-Signalpaar
Deviations of the magnitude ratio regarding the 8 Hz signal pair

T_s / s	A_{Fz8Hz} / V	$T_{s\hat{G}}$ / s	$\hat{A}_{Fz8Hz}$ / V	$T_s/T_{s\hat{G}}$	$A_{Fz8Hz}/\hat{A}_{Fz8Hz}$
0,01	0,226	0,01	0,226	1,000	1,000
0,01	0,226	0,03	0,140	0,333	1,614
0,01	0,226	0,05	0,093	0,2	2,43
0,05	0,093	0,01	0,226	5,000	0,411
0,05	0,093	0,03	0,140	1,666	0,664
0,05	0,093	0,05	0,093	1	1,000

Die maximale Abweichung des Amplitudenverhältnisses kann innerhalb des untersuchten Intervalls den Faktor 2,43 erreichen. In Bild 4-19 wurde das Verzögerungszeitverhältnis über dem Amplitudenverhältnis, a) linear und b) doppelt logarithmisch, aufgetragen.

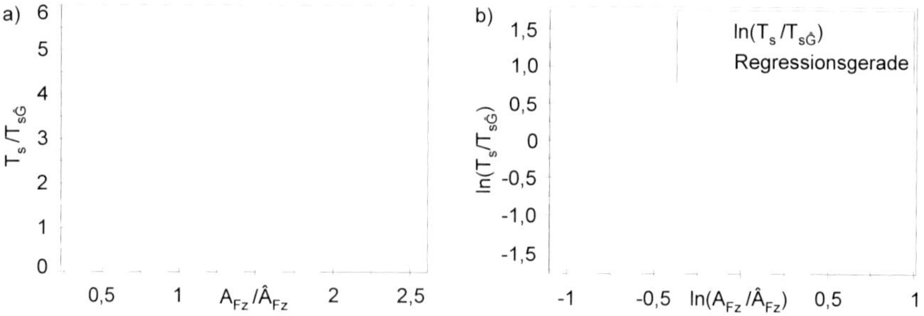

Bild 4-19: Zusammenhang zwischen Verzögerungszeit- und Amplitudenverhältnissen
Correllation between time constant and magnitude ratios

In Diagramm a) ist ein antiproportionaler Zusammenhang zu erkennen. In Diagramm b) ist ein in guter Näherung linearisierbarer Zusammenhang erkennbar. Bei der linearen Regression wurde das Wertepaar (0; 0) unendlich stark gewichtet, damit die Regressionsgerade durch den Ursprung verläuft. Die aktuelle Verzögerungszeit T_s lässt sich somit aus dem Amplitudenverhältnis und dem verwendeten Schätzwert für $T_{s\hat{G}}$ berechnen:

$$T_s = T_{s\hat{G}} \cdot \left(\frac{A_{Fz}}{\hat{A}_{Fz}} \right)^{-1{,}81} . \tag{4.7}$$

Des Weiteren bewirken Abweichungen zwischen T_s und $T_{s\hat{G}}$ auch einen Zeitversatz der 8 Hz-Signale, Bild 4-20.

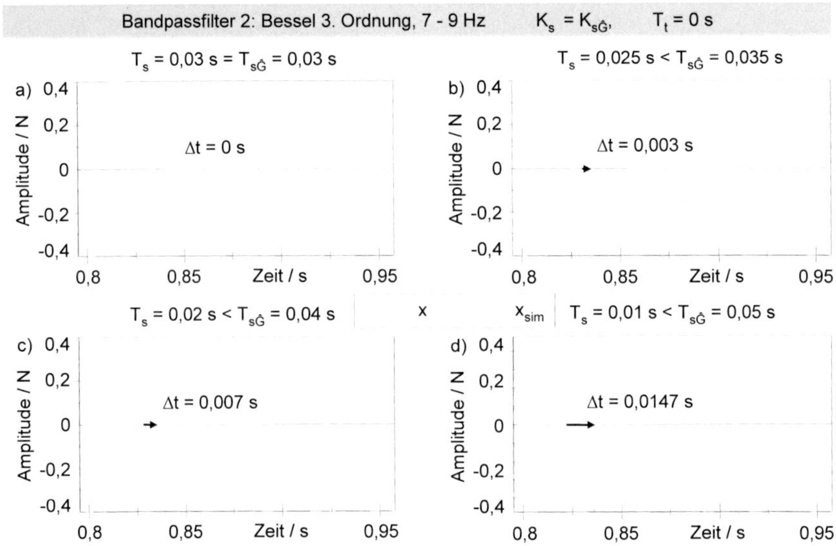

Bild 4-20: Zeitversatz aufgrund der Abweichung zwischen T_s und $T_{s\hat{G}}$ im 8 Hz-Signalpaar

Time shift because of the deviation between T_s and $T_{s\hat{G}}$ regarding the 8 Hz signal pair

Unter der Annahme übereinstimmender Proportionalfaktoren und einer Totzeit $T_t = 0$ s ergeben sich bei identischen Verzögerungszeiten exakt gleiche Signalverläufe, Diagramm a). In den Diagrammen b) bis d) unterscheiden sich die Verzögerungszeiten T_s und $T_{s\hat{G}}$. In Abhängigkeit der Abweichung ergibt sich ein entsprechender Zeitversatz zwischen den 8 Hz-Signalen. In Bild 4-21 ist der Zeitversatz über der Differenz zwischen T_s und $T_{s\hat{G}}$ dargestellt.

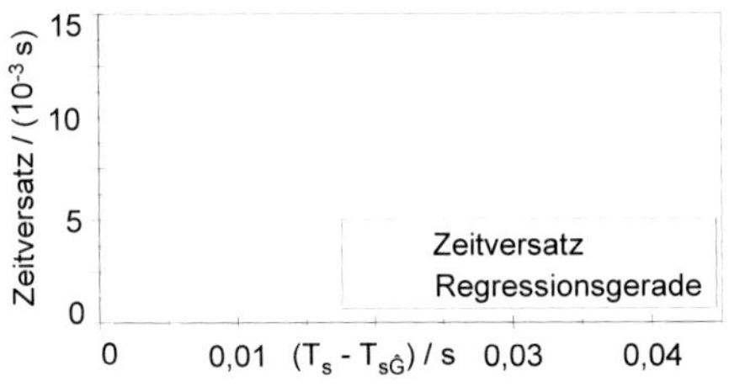

Bild 4-21: Zeitversatz aufgrund der Verzögerungszeitdifferenz

Time shift resulting from time constant deviation

Der Zeitversatz zwischen den 8 Hz-Signalen kann in Abhängigkeit von der Verzögerungszeitdifferenz in guter Näherung durch einen linearen Zusammenhang beschrieben werden:

$$\Delta t_{Ts8Hz} = 0{,}349 \cdot \left(T_s - T_{s\hat{G}}\right) \tag{4.8}$$

Die dargestellte Regressionsanalyse wurde, ausgehend vom Mittelwert $T_s = 0{,}03$ s des Intervalls aus Tabelle 4-2, durch symmetrische Variation ermittelt. Sollte sich der Ausgangspunkt der Variation innerhalb des zulässigen Parameterraums verschieben, beträgt der maximale Fehler aufgrund der Linearisierung 0,0025 s. Aufgrund der zügigen Konvergenz von $T_{s\hat{G}}$ gegen T_s tritt der geringe Fehler nur kurzzeitig auf und kann vernachlässigt werden.

Die Totzeit führt zu einem Zeitversatz zwischen den Signalen um den Wert der Totzeit. Der Effekt kann sowohl im 2 Hz-Signalpaar als auch im 8 Hz-Signalpaar beobachtet werden. Bei übereinstimmenden Verzögerungszeiten kann die Totzeit direkt über den Versatz der Nulldurchgänge abgelesen werden, da die Regelgrößensimulation in Bild 4-8 anhand des geschätzten Übertragungsverhaltens ohne Totzeit durchgeführt wird. Bild 4-22 zeigt den Effekt der Totzeit anhand des 8 Hz-Signalpaars.

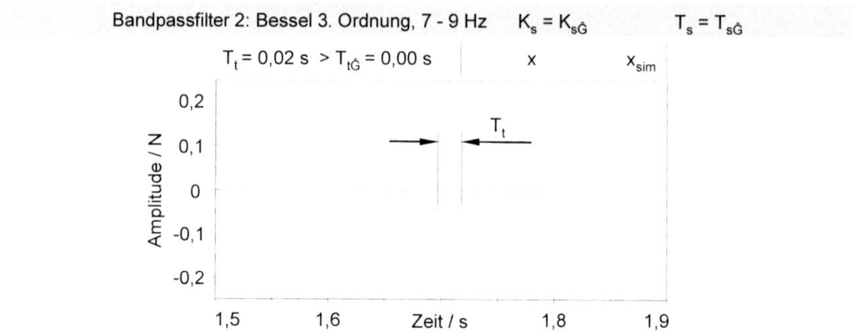

Bild 4-22: Effekt der Totzeit im 8 Hz-Signalpaar

Effect of delay time regarding the 8 Hz signal pair

Dementsprechend gilt:

$$T_t = \Delta t_{Tt2Hz}, \forall\, T_s = T_{s\hat{G}} \text{ sowie} \tag{4.9}$$

$$T_t = \Delta t_{Tt8Hz}, \forall\, T_s = T_{s\hat{G}}. \tag{4.10}$$

Nachdem in den voranstehenden Abschnitten die resultierenden Effekte aus den Abweichungen einzelner Modellparameter mathematisch beschrieben worden sind, erfolgt nun der eindeutige Schluss auf die aktuellen Parameter K_s, T_s und T_t bei Überlagerung der einzelnen Abweichungen, Bild 4-14.

Eindeutige Bestimmung der aktuellen Regelstreckenparameter :

Zu Beginn der rekursiven Identifikation sind die aktuellen Regelstreckenparameter K_s, T_s und T_t unbekannt und jeder einzelne Parameter kann von den geschätzten Parametern $K_{s\hat{G}}$, $T_{s\hat{G}}$ und $T_{t\hat{G}}$ abweichen. Bild 4-23 ordnet die Einflüsse der Parameterabweichungen den entsprechenden Effekten zu und verdeutlicht, dass es anhand der bisher ermittelten Zusammenhänge nicht ohne Weiteres möglich ist, die auftretenden Effekte eindeutig auf die Abweichungen der einzelnen Modellparameter zurückzuführen.

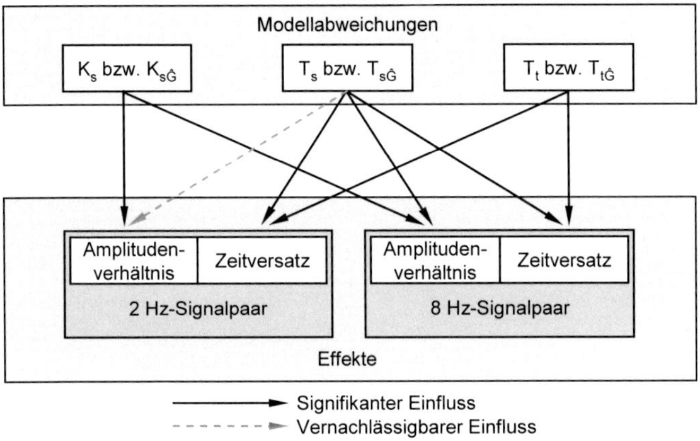

Bild 4-23: Einflüsse der Modellabweichungen auf die Effekte
Influences of model aberrations on the effects

K_s bzw. $K_{s\hat{G}}$ beeinflusst die Amplitudenverhältnisse der 2 Hz- und 8 Hz-Signalpaare. Ferner unterliegt das Amplitudenverhältnis des 8 Hz-Singalpaars einem deutlichen Einfluss von T_s bzw. $T_{s\hat{G}}$. Wie bereits erläutert, beträgt der Einfluss von T_s auf das Amplitudenverhältnis des 2 Hz-Signalpaars in dem relevanten Intervall maximal ±17% und kann aufgrund der schnellen Konvergenz vernachlässigt werden. Daher eignet sich das Amplitudenverhältnis des 2 Hz-Signalpaars auch bei unbekannter Verzögerungs- und Totzeit zur Berechnung von K_s nach Formel (4.5), Bild 4-24.

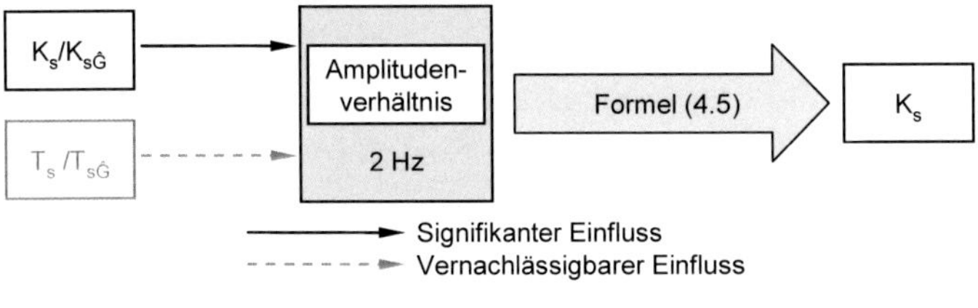

Bild 4-24: Bestimmung des Proportionalfaktors K_s
Estimation of the proportional factor K_s

Die Verzögerungszeit T_s besitzt nach Bild 4-23 auf das Amplitudenverhältnis und den Zeitversatz im 8 Hz-Signalpaar sowie auf den Zeitversatz im 2 Hz-Signalpaar einen signifikanten Einfluss. Somit können die Amplitude des 8 Hz-Signalpaars oder die Zeitversatze beider Signalpaare zur Bestimmung von T_s herangezogen werden. Erschwerend kommt jedoch hinzu, dass die Merkmale beider Signalpaare nicht unabhängig von den Parametern K_s und T_t sind.

Falls der Parameter T_s aus dem Amplitudenverhältnis des 8 Hz-Signalpaars bestimmt werden soll, muss das Amplitudenverhältnis zunächst um den Einfluss des Parameters K_s bereinigt werden. Da der Einfluss von K_s auf die Amplitudenverhältnisse im 2 Hz- und 8 Hz-Signalpaar identisch ist, kann das 2 Hz-Amplitudenverhältnis zur Korrektur des 8 Hz-Amplitudenverhältnisses verwendet werden. Die Korrektur erfolgt durch Division. Im Anschluss kann der Parameter T_s aus dem korrigierten Amplitudenverhältnis des 8 Hz-Signalpaars nach Formel (4.7) bestimmt werden, Bild 4-25.

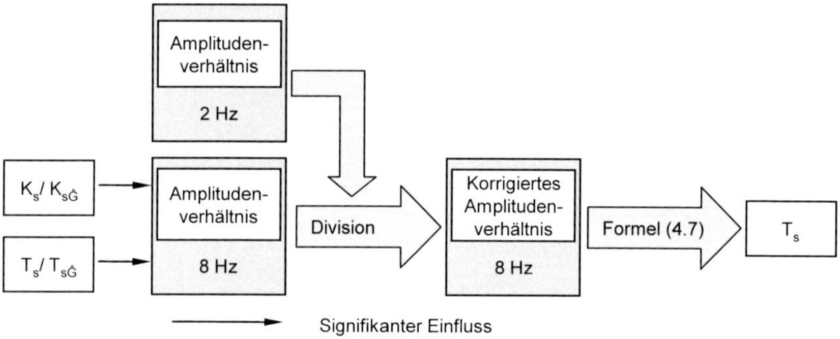

Bild 4-25: Bestimmung der Verzögerungszeit T_s
Estimation of the time constant T_s

Somit kann die Verzögerungszeit T_s aus der geschätzten Verzögerungszeit $T_{s\hat{G}}$ und den Amplitudenverhältnissen der 2 Hz- und 8 Hz-Signalpaare berechnet werden:

$$T_s = T_{s\hat{G}} \cdot \left(\frac{A_{Fz8Hz}}{\hat{A}_{Fz8Hz}} \cdot \frac{\hat{A}_{Fz2Hz}}{A_{Fz2Hz}} \right)^{-1{,}81} . \tag{4.11}$$

Eine Bestimmung von T_s durch Auswertung des Zeitversatzes im 2 Hz-Signalpaar Δt_{2Hz} und im 8 Hz-Signalpaar Δt_{8Hz} ist ebenfalls möglich, da der durch die Totzeit T_t hervorgerufene Zeitversatz in beiden Signalpaaren identisch ist. Aus den Formeln (4.6) und (4.8) ergibt sich:

$$T_s = T_{s\hat{G}} + \frac{\Delta t_{2Hz} - \Delta t_{8Hz}}{0{,}651} . \tag{4.12}$$

Die Totzeit T_t kann aus dem Zeitversatz Δt beider Signalpaare bestimmt werden. Neben der Totzeit T_t nimmt auch die Verzögerungszeit T_s Einfluss auf den Zeitversatz Δt, Bild 4-23. Unter der Voraussetzung, dass T_s bereits bekannt ist, kann der entsprechende Anteil Δt_{Ts} am Zeitversatz Δt für beide Signalpaare mit den Formeln (4.6) und (4.8) berechnet werden. Aus der Differenz ergibt sich die Totzeit T_t. Prinzipiell eignen sich die Signalpaare beider Frequenzen für das Verfahren. Allerdings besitzt das 8 Hz-Signalpaar aufgrund der höheren Frequenz eine schnellere Folge von Nulldurchgängen. Daher kann der Parameter T_t anhand des 8 Hz-Signalpaars schneller und häufiger bestimmt werden, Bild 4-26.

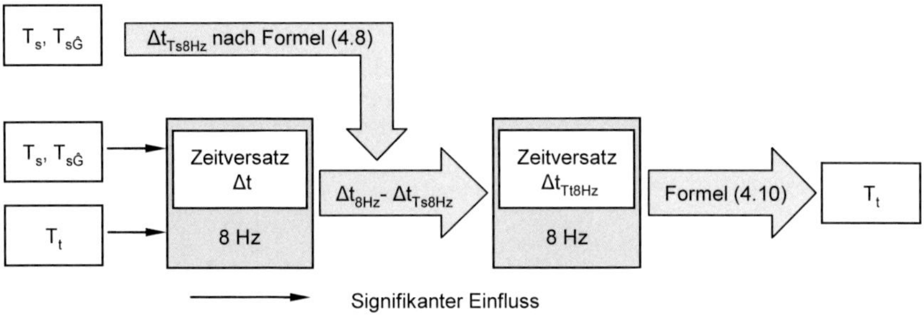

Bild 4-26: Bestimmung der Totzeit T_t
Estimation of the delay time T_t

Für die Berechnung der Totzeit aus dem 8 Hz-Signalpaar gilt nach Formel (4.8):

$$T_t = \Delta t_{8Hz} - \left(0{,}349 \cdot \left(T_s - T_{s\hat{G}}\right)\right). \tag{4.13}$$

Wird zusätzlich der Parameter T_s durch Formel (4.11) ersetzt, kann die Totzeit T_t ausschließlich aus der geschätzten Verzögerungszeit $T_{s\hat{G}}$ und den Amplitudenverhältnissen der 2 Hz- und 8 Hz-Signalpaare berechnet werden:

$$T_t = \Delta t_{8Hz} - \left(0{,}349 \cdot T_{s\hat{G}} \cdot \left(\left(\frac{A_{Fz8Hz}}{\hat{A}_{Fz8Hz}} \cdot \frac{\hat{A}_{Fz2Hz}}{A_{Fz2Hz}}\right)^{-1{,}81} - 1\right)\right). \tag{4.14}$$

In den voranstehenden Abschnitten wurde gezeigt, dass die aktuellen Regelstreckenparameter K_s, T_s und T_t eindeutig anhand der geschätzten Parameter $K_{s\hat{G}}$, $T_{s\hat{G}}$ und $T_{t\hat{G}}$ sowie der auftretenden Effekte berechnet werden können, Bild 4-14. Im Folgenden sind die rekursiven Algorithmen zu beschreiben, anhand derer die geschätzten Modellparameter $K_{s\hat{G}}$, $T_{s\hat{G}}$ und $T_{t\hat{G}}$ fortwährend aktualisiert und an die aktuell identifizierten Parameter K_s, T_s und T_t angepasst werden.

Entwicklung der rekursiven Algorithmen:

Methoden zur rekursiven Identifikation beruhen auf einer kontinuierlichen Anpassung der geschätzten Regelstreckenparameter. Im einfachsten Fall könnten die geschätzten Parameter durch einen einzigen Rekursionsschritt definiert werden. Allerdings ist eine derart dynamische Regelstreckenidentifikation auch mit dem hohen Risiko behaftet, das Übertragungsverhalten aufgrund einer kurzfristigen Prozessstörung falsch abzubilden. Beim Tiefbohren tritt dieser Fall häufig ein, wenn die Axialkraft durch einen aufkommenden oder abwandernden Spänestau beeinflusst wird. Auf fehlerhafte Regelstreckenparameter folgen zwangsläufig ungeeignete Reglerparameter, sodass der Werkzeugschutz durch mangelnde Regelkreisdynamik oder Instabiliät verloren geht.

Technologisch geeigneter ist die konvergierende Verschiebung der geschätzten Modellparameter in Richtung der aktuell berechneten Werte. Gegenüber der zuvor beschriebenen Methode wird der Einfluss von Ausreißern unter den berechneten Regelstreckenparametern gedämpft und es kommt nicht zu einer sprunghaften Veränderung. Die Rekursionsvariablen müssen so gewählt sein, dass die Stabilität und die Dynamik der Konvergenz dem veränderlichen Prozessverhalten und den massiven Störungseinflüssen von Spänestaus gerecht werden. Die weiterführende Aufgabe besteht also darin, für die geschätzten Parameter $K_{s\hat{G}}$, $T_{s\hat{G}}$ und $T_{t\hat{G}}$ jeweils einen konvergierenden Algorithmus zu entwickeln. Die Algorithmen werden während der Identifikation parallel durchlaufen und verschieben die drei Parameter schrittweise in Richtung der aktuell berechneten Werte.

Zur Entwicklung der Algorithmen wird eine sprunghafte Veränderung der Parameter K_s, T_s und T_t zum Zeitpunkt t = 5 s simuliert, sodass eine Anpassung der geschätzten Parameter $K_{s\hat{G}}$, $T_{s\hat{G}}$ und $T_{t\hat{G}}$ erforderlich ist, Tabelle 4-5.

Tabelle 4-5: Sprunghafte Veränderung der Regelstreckenparameter
Step wise change of the plant's parameters

Parameter	K_s	T_s / s	T_t / s
t < 5 s	2	0,02	0,016
t ≥ 5 s	3	0,04	0,024

Nachstehend werden die rekursiven Algorithmen zur Anpassung der geschätzten Modellparameter $K_{s\hat{G}}$, $T_{s\hat{G}}$ und $T_{t\hat{G}}$ dargestellt.

Bild 4-27 zeigt die Effekte der sprunghaften Parameterveränderung im 2 Hz-Signalpaar ohne Konvergenz der geschätzten Parameter.

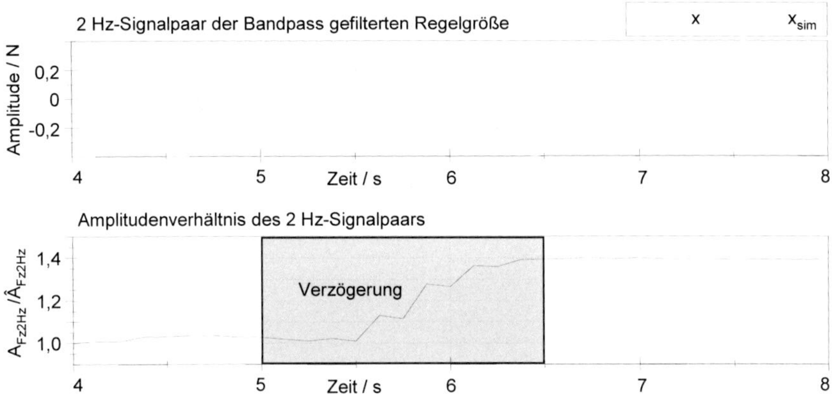

Bild 4-27: Effekte im 2 Hz-Signalpaar ohne Konvergenz der geschätzten Parameter
Effects regarding the 2 Hz signal pair without convergence of the estimated parameters

Die Veränderung von K_s führt erwartungsgemäß zu einer Veränderung des Amplitudenverhältnisses. Die Verzögerung wird durch das Einschwingverhalten des Filters, die Schwingungsdauer sowie durch die Länge des Signalabschnitts beeinflusst, der innerhalb der erweiterten Regelkreisstruktur zur Identifikation verwendet wird. Bild 4-27 zeigt, dass sich das Amplitudenverhältnis innerhalb von 1,5 s vollständig anpasst und den Wert 1,385 annimmt. Formel (4.5) liefert durch einen einzigen Rekursionsschritt eine erste Schätzung des aktuellen Proportionalfaktors K_s der Regelstrecke:

$$K_s = \frac{A_{Fz}}{\hat{A}_{Fz}} \cdot K_{s\hat{G}} = 1{,}385 \cdot 2 = 2{,}77 .$$

Das Ergebnis stellt mit einer Abweichung von 0,23 eine gute Näherung des aktuellen Wertes von $K_s = 3$ dar. Die Abweichung resultiert aus dem Unterschied zwischen T_s und $T_{s\hat{G}}$.

Das Ziel besteht jedoch darin, den geschätzten Proportionalfaktor $K_{s\hat{G}}$ konvergierend in Richtung von K_s zu verschieben, sodass keine sprunghafte Veränderung eintritt und die Störungstoleranz verbessert wird. Um eine gedämpfte Anpassung von $K_{s\hat{G}}$ zu realisieren, wird das Amplitudenverhältnis in Formel (4.5) um die Potenz VK_s als Konvergenzgeschwindigkeit erweitert und die Schrittvariable k eingeführt.

$$K_{s\hat{G}} = \left(\frac{A_{Fz}}{\hat{A}_{Fz}} \right)_{k-1}^{VK_s} \cdot K_{s\hat{G}-1} . \qquad (4.15)$$

Bild 4-28 zeigt den Einfluss der Konvergenzgeschwindigkeit auf die Anpassung des geschätzten Proportionalfaktors $K_{s\hat{G}}$.

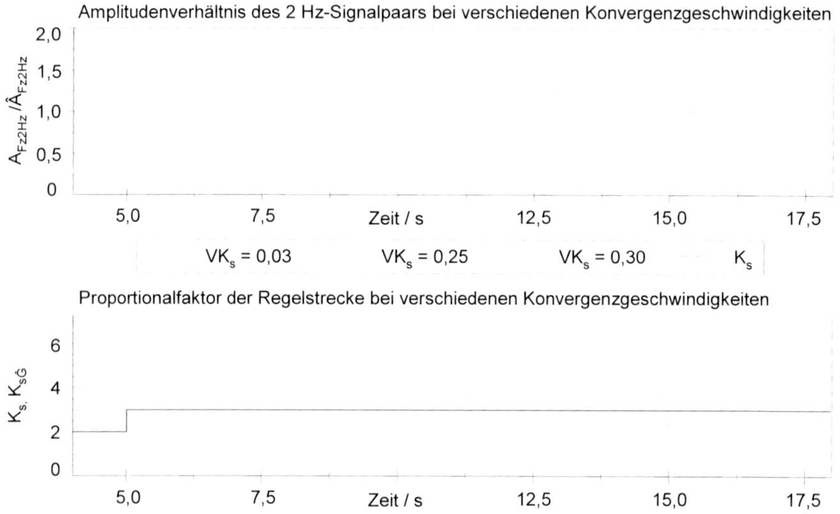

Bild 4-28: Konvergenzgeschwindigkeitseinfluss auf die Anpassung von $K_{s\hat{G}}$
Convergence speed influence on the adaptation of $K_{s\hat{G}}$

Durch die drei Potenzen werden unterschiedliche Konvergenzverläufe hervorgerufen:

- $VK_s = 0{,}03$: Aperiodischer Verlauf von $K_{s\hat{G}}$;
- $VK_s = 0{,}25$: Periodischer, stabiler Verlauf von $K_{s\hat{G}}$;
- $VK_s = 0{,}3$: Periodischer, instabiler Verlauf von $K_{s\hat{G}}$.

Eine optimal ausgelegte Konvergenzgeschwindigkeit führt dazu, dass $K_{s\hat{G}}$ möglichst schnell den geschätzten Endwert erreicht und dabei stabil bleibt. Da sich die Amplitudenverhältnisse während des Einschwingens ändern, wird eine sichere Abschätzung durchgeführt.

Für die Konvergenz von $K_{s\hat{G}}$ gegen K_s stehen k = n Schritte zur Verfügung:

$$K_{s\hat{G}} = \left(\frac{A_{Fz}}{\hat{A}_{Fz}}\right)_{k-1}^{VK_s} \cdot \left(\frac{A_{Fz}}{\hat{A}_{Fz}}\right)_{k-2}^{VK_s} \cdot \left(\frac{A_{Fz}}{\hat{A}_{Fz}}\right)_{k-3}^{VK_s} \cdot \ldots \cdot \left(\frac{A_{Fz}}{\hat{A}_{Fz}}\right)_{k-n+2}^{VK_s} \cdot \left(\frac{A_{Fz}}{\hat{A}_{Fz}}\right)_{k-n+1}^{VK_s} \cdot \left(\frac{A_{Fz}}{\hat{A}_{Fz}}\right)_{k-n}^{VK_s} \cdot K_{s\hat{G}-n} \cdot \qquad (4.16)$$

Im stabilen Fall kann das Amplitudenverhältnis für den gesamten Konvergenzvorgang maximal den Wert annehmen, den es ohne Konvergenz erreicht, Bild 4-27. Für die Annahme eines konstanten Amplitudenverhältnisses lässt sich die Formel (4.16) vereinfachen:

$$K_{s\hat{G}} = \left(\frac{A_{Fz}}{\hat{A}_{Fz}}\right)_{max}^{VK_s \cdot n} \cdot K_{s\hat{G}-n} \cdot \qquad (4.17)$$

Da nach der Durchführung von n Schritten gelten soll, dass $K_{s\hat{G}} = K_s$ ist, folgt:

$$K_s = K_{s\hat{G}} = \left(\frac{A_{Fz}}{\hat{A}_{Fz}}\right)_{max}^{VK_s \cdot n} \cdot K_{s\hat{G}-n} = \left(\frac{A_{Fz}}{\hat{A}_{Fz}}\right)_{max} \cdot K_{s\hat{G}-n} \,. \tag{4.18}$$

Wird diese Gleichung nach VK_s aufgelöst, ergibt sich für die sichere Abschätzung:

$$VK_s = \left(\frac{1}{n}\right). \tag{4.19}$$

Bild 4-27 beinhaltet eine Verzögerung von 1,5 s zur Anpassung des Amplitudenverhältnisses. Wird diese Zeitspanne als Konvergenzdauer T_{konv} genutzt, lässt sich anhand der Identifikationsfrequenz f_{ident} = 8 Hz die Anzahl n der erforderlichen Schritte berechnen:

$$n = T_{konv} \cdot f_{ident} \,. \tag{4.20}$$

Für n = 12 Schnitte folgt aus Formel (4.19) die Konvergenzgeschwindigkeit VK_s = 0,0833. Bild 4-29 veranschaulicht die Konvergenz des Proportionalfaktors $K_{s\hat{G}}$ unter diesen Bedingungen.

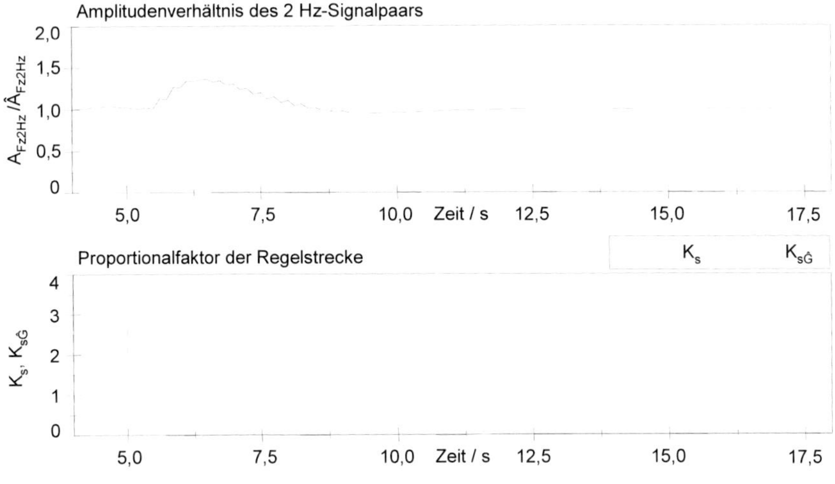

Bild 4-29: Konvergenz des Proportionalfaktors $K_{s\hat{G}}$
Convergence of the proportional factor $K_{s\hat{G}}$

Die Simulation zeigt, dass der geschätzte Proportionalfaktor $K_{s\hat{G}}$ innerhalb von 3 Sekungen gegen den aktuellen Proportionalfaktor K_s konvergiert. Die geringe Abweichung von $K_{s\hat{G}}$ wird zukünftig durch die parallele Konvergenz der geschätzten Verzögerungszeit $T_{s\hat{G}}$ verschwinden, sodass für den Proportionalfaktor $K_{s\hat{G}}$ folgender Algorithmus definiert wird:

$$K_{s\hat{G}} = \left(\frac{A_{Fz}}{\hat{A}_{Fz}}\right)_{k-1}^{0,0833} \cdot K_{s\hat{G}-1} \,. \tag{4.21}$$

Die Entwicklung des Rekursionsalgorithmus für die Verzögerungszeit $T_{s\hat{G}}$ erfolgt analog. Bild 4-30 zeigt die Effekte der sprunghaften Parameterveränderung im 8 Hz-Signalpaar ohne Konvergenz der geschätzten Parameter. Die Vergrößerung von K_s und T_s führt im 8 Hz-Signalpaar nur zu einer leichten Veränderung der Amplitude. Während die Steigerung von K_s eine Zunahme der Amplitude bewirkt, führt die Steigerung von T_s zu einer Abnahme. Die gegensätzlichen Effekte gleichen sich bei den gewählten Werten nahezu aus, sodass sich nach dem Einschwingen ein Amplitudenverhältnis von 0,95 ergibt. Aufgrund der geringeren Trägheit des 8 Hz-Filters und der kürzeren Schwingungsdauer wird das neue Amplitudenverhältnis bereits nach 0,75 s erreicht.

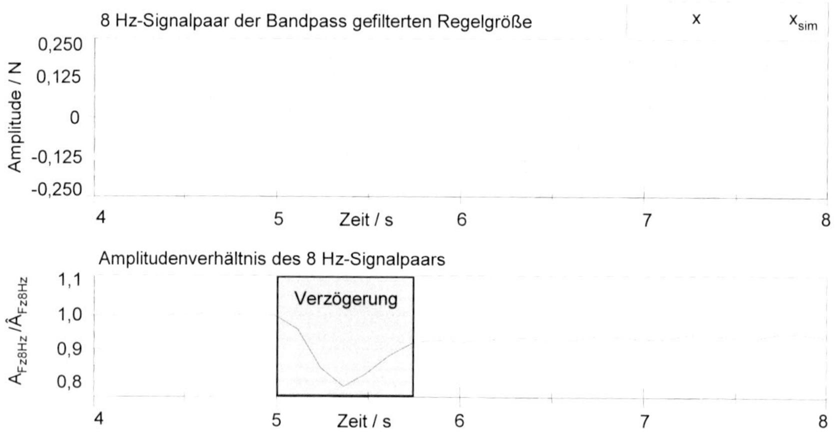

Bild 4-30: Effekte im 8 Hz-Signalpaar ohne Konvergenz der geschätzten Parameter
Effects regarding the 8 Hz signal pair without convergence of the estimated parameters

Werden in Formel (4.11) das 2 Hz-Amplitudenverhältnis von 1,385 und das 8 Hz-Amplitudenverhältnis von 0,95 eingesetzt, ergibt sich eine erste Näherung des neuen Wertes von T_s:

$$T_s = T_{s\hat{G}} \cdot \left(\frac{A_{Fz8Hz}}{\hat{A}_{Fz8Hz}} \cdot \frac{\hat{A}_{Fz2Hz}}{A_{Fz2Hz}} \right)^{-1,81} = 0{,}02\,s \cdot \left(0{,}95 \cdot 1{,}385^{-1}\right)^{-1,81} = 0{,}02\,s \cdot 1{,}978 = 0{,}0396\,s\,.$$

Das Ergebnis stellt mit einer Abweichung von 0,0004 s eine sehr gute Näherung des aktuellen Wertes von T_s dar. Analog zur Berechnung von $K_{s\hat{G}}$ wird für $T_{s\hat{G}}$ die Potenz VT_s als Konvergenzgeschwindigkeit eingeführt:

$$T_{s\hat{G}} = T_{s\hat{G}-1} \cdot \left[\left(\frac{A_{Fz8Hz}}{\hat{A}_{Fz8Hz}} \cdot \frac{\hat{A}_{Fz2Hz}}{A_{Fz2Hz}} \right)^{-1,81} \right]^{VT_s} . \qquad (4.22)$$

Zur Definition der Konvergenzgeschwindigkeit müssen die zeitlichen Charakteristika der Amplitudenverhältnisse beider Frequenzen berücksichtigt werden. Unter der sicheren Annahme, dass sich beide Amplitudenverhältnisse nacheinander vollständig anpassen, ergibt sich eine Konvergenzdauer, die in jedem Fall Stabilität gewährleistet. Hierzu werden die in Bild 4-27 und Bild 4-30 ermittelten Zeiten von 1,5 s und 0,75 s addiert. Wird das Ergebnis $T_{konv} = 2{,}25$ s in Formel (4.20) eingesetzt, ergeben sich 18 Schritte bei einer Identifikationsfrequenz von 8 Hz. Analog zu Formel (4.19) wird die Konvergenzgeschwindigkeit $VT_s = 0{,}0555$ berechnet. Somit wird für die Konvergenz der Verzögerungszeit $T_{s\hat{G}}$ folgender Rekursionsalgorithmus definiert:

$$T_{s\hat{G}} = T_{s\hat{G}-1} \cdot \left[\left(\frac{A_{Fz8Hz}}{\hat{A}_{Fz8Hz}} \cdot \frac{\hat{A}_{Fz2Hz}}{A_{Fz2Hz}} \right)^{-1{,}81} \right]^{0{,}0555} = T_{s\hat{G}-1} \cdot \left(\frac{A_{Fz8Hz}}{\hat{A}_{Fz8Hz}} \cdot \frac{\hat{A}_{Fz2Hz}}{A_{Fz2Hz}} \right)^{-0{,}1005} . \tag{4.23}$$

Bild 4-31 zeigt die parallele Konvergenz der Parameter $K_{s\hat{G}}$ und $T_{s\hat{G}}$ mit den Konvergenzgeschwindigkeiten $VK_s = 0{,}0833$ und $VT_s = 0{,}0555$.

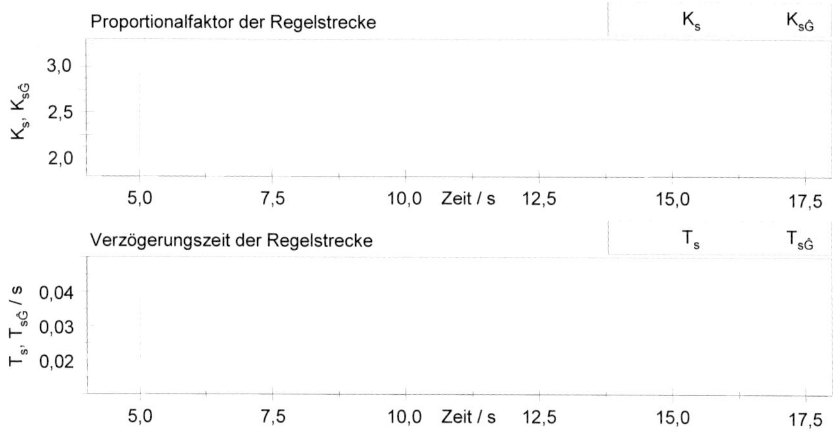

Bild 4-31: Parallele Konvergenz von $K_{s\hat{G}}$ und $T_{s\hat{G}}$
Parallel convergence of $K_{s\hat{G}}$ und $T_{s\hat{G}}$

Die Simulationsergebnisse zeigen, dass die geschätzten Parameter $K_{s\hat{G}}$ und $T_{s\hat{G}}$ etwa 3 s nach dem Streckenparameterwechsel die aktuellen Werte von K_s und T_s erreichen. Nach leichtem Überschwingen konvergieren beide Verläufe zügig und ohne bleibende Abweichung gegen die jeweiligen Zielwerte.

Die Entwicklung des Rekursionsalgorithmus für die Totzeit $T_{t\hat{G}}$ erfordert im Vergleich zu $K_{s\hat{G}}$ und $T_{s\hat{G}}$ eine andere Vorgehensweise. Die in Bild 4-8 dargestellte Regelkreisstruktur sieht zur Identifikation eine Regelgrößensimulation anhand des geschätzten Übertragungsverhaltens ohne Totzeit vor. Ist der Anteil der Verzögerungszeit Δt_{Ts8Hz} am Zeitversatz Δt_{8Hz} bekannt, kann die Totzeit direkt aus dem Zeitversatz im 8 Hz-Signalpaar bestimmt werden. Daher ist in Formel (4.14) das geschätzte $T_{t\hat{G}}$ zur Berechnung von T_t nicht enthalten. Um dennoch eine Rekursion zu ermöglichen, muss die geschätzte Totzeit $T_{t\hat{G}}$ nachträglich in die Formel integriert werden. Dazu wird $T_{t\hat{G}}$ im Term einmal addiert und einmal subtrahiert:

$$T_t = T_{t\hat{G}} + \underbrace{\left[\Delta t - \left(0{,}349 \cdot T_{s\hat{G}} \cdot \left(\left(\frac{A_{Fz8Hz}}{\hat{A}_{Fz8Hz}} \cdot \frac{\hat{A}_{Fz2Hz}}{A_{Fz2Hz}}\right)^{-1{,}81} - 1\right)\right) - T_{t\hat{G}}\right]}_{\text{Differenz } \Delta T_t \text{ zwischen realer und geschätzter Totzeit}} = T_{t\hat{G}} + \Delta T_t \,. \tag{4.24}$$

Wird das subtrahierte $T_{t\hat{G}}$ mit dem Term aus Formel (4.14) zusammengefasst, entsteht ΔT_t als Differenz aus aktueller und geschätzter Totzeit. Die Konvergenzgeschwindigkeit VT_t beschreibt den Anteil, mit dem die Differenz ΔT_{t-1} bei der Konvergenz berücksichtigt werden soll:

$$T_{t\hat{G}} = T_{t\hat{G}-1} + \Delta T_{t-1} \cdot VT_t \,. \tag{4.25}$$

Aus der Rekursionsformel geht hervor, dass die geschätzte Totzeit $T_{t\hat{G}}$ den Wert der aktuellen Totzeit T_t nicht erreichen kann, da nur ein Anteil der Differenz ΔT_{t-1} zur Konvergenz genutzt wird. Es ist aber möglich, ein Verhältnis aus der Differenz ΔT_t und der ursprünglichen Differenz ΔT_{t-n} zu definieren. Die folgenden Umformungen erläutern die Berechnung der Konvergenzgeschwindigkeit. Zunächst werden beide Seiten der Formel (4.25) von der aktuellen Totzeit subtrahiert:

$$T_t - T_{t\hat{G}} = T_t - T_{t\hat{G}-1} - \Delta T_{t-1} \cdot VT_t \,. \tag{4.26}$$

Zur Vereinfachung wird angenommen, dass die aktuelle Totzeit T_t innerhalb der Konvergenzdauer konstant bleibt:

$$T_t = T_{t-1} = T_{t-2} = \ldots = T_{t-n+2} = T_{t-n+1} = T_n \,. \tag{4.27}$$

Werden die Differenzen zwischen der aktuellen und der geschätzten Totzeit zusammengefasst, ergibt sich:

$$\Delta T_t = \Delta T_{t-1} - \Delta T_{t-1} \cdot VT_t = \Delta T_{t-1}(1 - VT_t) \,. \tag{4.28}$$

Ferner kann ΔT_t durch n-malige Rekursion aus der ursprünglichen Differenz $\Delta T_{t-1} = \Delta T_{t-n}$ bei gegebener Konvergenzgeschwindigkeit VT_t berechnet werden:

$$\Delta T_t = \Delta T_{t-n}(1 - VT_t)^n \,. \tag{4.29}$$

Das Verhältnis aus der Differenz ΔT_t und der ursprünglichen Differenz ΔT_{t-n} entspricht der zulässigen Restabweichung, die ΔT_t noch von der ursprünglichen Differenz ΔT_{t-n} haben soll:

$$\frac{\Delta T_t}{\Delta T_{t-n}} = (1 - VT_t)^n \,. \tag{4.30}$$

Alternativ kann also auch die Konvergenzgeschwindigkeit VT_t berechnet werden, sofern eine Annahme für die zulässige Abweichung nach n Schritten getroffen wird:

$$VT_t = 1 - \sqrt[n]{\frac{\Delta T_t}{\Delta T_{t-n}}} \,. \tag{4.31}$$

Da der Term von ΔT_t die Amplitudenverhältnisse beider Frequenzen beinhaltet, wird eine Konvergenzdauer von T_{konv} = 2,25 s gewählt, um die Stabilität der Konvergenz zu gewährleisten. Nach Formel (4.20) ergeben sich daraus n = 18 Schritte. Um zu diesem Zeitpunkt die aktuelle Totzeit mit einer zulässigen Abweichung von 10% anzunähern, liefert Formel (4.31) die Konvergenzgeschwindigkeit VT_t = 0,12. Aufbauend auf Formel (4.25) wird folgender Rekursionsalgorithmus für die Konvergenz der Totzeit $T_{t\hat{G}}$ definiert:

$$T_{t\hat{G}} = T_{t\hat{G}-1} + \Delta T_{t-1} \cdot 0{,}12\,. \tag{4.32}$$

Bild 4-32 zeigt die parallele Konvergenz der Parameter $K_{s\hat{G}}$, $T_{s\hat{G}}$ und $T_{t\hat{G}}$ mit den Konvergenzgeschwindigkeiten VK_s = 0,0833, VT_s = 0,0555 und VT_t = 0,12.

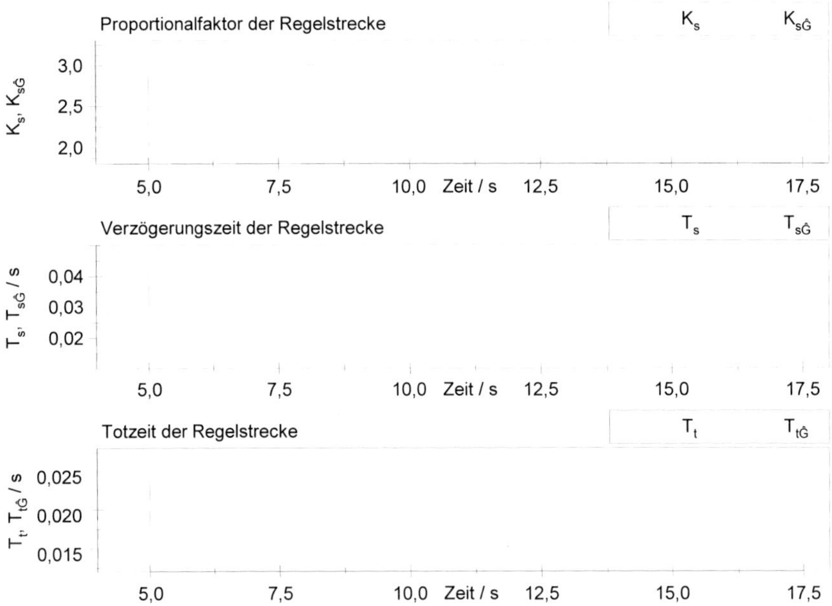

Bild 4-32: Parallele Konvergenz von $K_{s\hat{G}}$, $T_{s\hat{G}}$ und $T_{t\hat{G}}$

Parallel convergence of $K_{s\hat{G}}$, $T_{s\hat{G}}$ und $T_{t\hat{G}}$

Die Simulationsergebnisse zeigen, dass die Konvergenz von $T_{t\hat{G}}$ die Konvergenz der Parameter $K_{s\hat{G}}$ und $T_{s\hat{G}}$ nicht beeinflusst. Ausgehend von 0,016 s konvergiert der geschätzte Parameter $T_{t\hat{G}}$ zügig gegen den aktuellen Wert T_t = 0,024 s und unterschreitet etwa 3 s nach dem Streckenparameterwechsel die zulässige Abweichung von 10%.

Die Methode zur rekursiven Regelstreckenidentifikation wird innerhalb adaptiver Regelungssysteme angewendet. Der Aufbau, die Funktion und die technologischen Auswirkungen der Anwendung sind in Kapitel 6.2 und 6.3 beschrieben.

4.4 ZUSAMMENFASSUNG
Summary

Erstmals sind Methoden zur Regelstreckenidentifikation entwickelt worden, die es ermöglichen, das aktuelle Prozessverhalten beim Tiefbohren entlang des Bohrwegs sicher zu identifizieren und geeignet zu modellieren.

Am offenen Regelkreis kann das aktuelle Prozessverhalten durch Analyse von Sprung und Sprungantwort direkt ermittelt werden. Aufgrund der ständigen Veränderung des Prozessverhaltens, müssen in kurzen Zeitabständen Identifikationssequenzen durchgeführt werden. Da die Festwertregelung keine ausreichende Möglichkeit zur Systemanregung bietet, wurde eine Methode entwickelt, die sich zur Anregung während des Bohrens eignet und die Störung des Prozesses minimiert. Die Methode wurde genutzt, um den relevanten Parameterraum für die betrachtete Regelstrecke abzuschätzen.

Ein wesentlicher technologischer Vorteil der Methode zur rekursiven Identifikation besteht darin, das Prozessverhalten am geschlossenen Regelkreis ermitteln zu können. Der Regler bleibt ohne Unterbrechung aktiv, sodass der Werkzeugschutz während der Identifikation erhalten bleibt. Die Identifikationsmethode besitzt Gültigkeit in Verbindung mit der entwickelten Regelkreisstruktur und der spezifizierten Systemanregung. Für den relevanten Parameterraum aus Tabelle 4-2 wurde gezeigt, dass die aktuellen Regelstreckenparameter K_s, T_s und T_t eindeutig und parallel aus den geschätzten Parametern $K_{s\hat{G}}$, $T_{s\hat{G}}$ und $T_{t\hat{G}}$, dem Amplitudenverhältnis und dem Zeitversatz der verwendeten Signalpaare berechnet werden können. Insbesondere wurde die Störungstoleranz der Identifikation durch Rekursionsalgorithmen verbessert. Die Ergebnisse sind in Tabelle 4-6 zusammengefasst.

Tabelle 4-6: Parameterberechnung und Rekursionsalgorithmen
Parameter estimation and recursive algorithms

Parameterberechnung	*Rekursionsalgorithmen*
$K_s = \frac{A_{Fz}}{\hat{A}_{Fz}} \cdot K_{s\hat{G}}$	$K_{s\hat{G}} = \left(\frac{A_{Fz}}{\hat{A}_{Fz}}\right)_{k-1}^{0{,}0833} \cdot K_{s\hat{G}-1}$
$T_s = T_{s\hat{G}} \cdot \left(\frac{A_{Fz8Hz}}{\hat{A}_{Fz8Hz}} \cdot \frac{\hat{A}_{Fz2Hz}}{A_{Fz2Hz}}\right)^{-1{,}81}$	$T_{s\hat{G}} = T_{s\hat{G}-1} \cdot \left(\frac{A_{Fz8Hz}}{\hat{A}_{Fz8Hz}} \cdot \frac{\hat{A}_{Fz2Hz}}{A_{Fz2Hz}}\right)^{-0{,}1005}$
$T_t = \Delta t_{8Hz} - \left(0{,}349 \cdot T_{s\hat{G}} \cdot \left(\left(\frac{A_{Fz8Hz}}{\hat{A}_{Fz8Hz}} \cdot \frac{\hat{A}_{Fz2Hz}}{A_{Fz2Hz}}\right)^{-1{,}81} - 1\right)\right)$	$T_{t\hat{G}} = T_{t\hat{G}-1} + \Delta T_{t-1} \cdot 0{,}12$

Um die Identifikationsmethoden zur Reglerparameteradaption nutzen zu können, wird im folgenden Kapitel eine prozessspezifische Reglerauslegung entwickelt.

5. Entwicklung einer prozessspezifischen Reglerauslegung

Development of a process specific controller design

In adaptiven Regelungssystemen besteht die Aufgabe der Reglerauslegung darin, aus dem identifizierten Regelstreckenverhalten auf optimale Reglerparameter zu schließen. Die Parameterzuweisung innerhalb des gesteuerten Adaptionsverfahrens enthält Algorithmen, Heuristiken oder Datenbanken, die aus den zuvor ermittelten Streckenparametern die zugehörigen Reglerparameter bestimmen. Bei modellbasierten Reglern lässt sich die Parameterzuweisung als Übertragungsfunktion darstellen, mit der die modellierten Regelstreckenparameter auf die freien Modellparameter des Reglers abgebildet werden.

Heute übliche Auslegungsmethoden [Reut08], z.B. Heuristiken, sind darauf ausgelegt, einen großen Anwendungsbereich abzudecken und dabei die Stabilität des Regelkreises zu garantieren. Aufgrund des generalistischen Anspruchs finden Gütekriterien nur sehr eingeschränkt Berücksichtigung, sodass für den individuellen Fall ein großes Optimierungspotenzial zur Kompensation von Störungen oder Führungsgrößensprüngen entsteht.

Die Heuristik von CHIEN, HRONES und RESWICK [Chie52] wird häufig zur Auslegung von modellbasierten Reglern verwendet. Allerdings ist die Empfehlung der Heuristik an Bedingungen geknüpft, die von vielen Produktionssystemen nicht erfüllt werden. Zu den Restriktionen gehört beispielsweise eine obere Schranke für das Verhältnis zwischen Tot- und Verzögerungszeit ($T_t / T_s < 1/3$), die insbesondere von der in Kapitel 4.1 beschriebenen Regelstrecke überschritten wird. Ferner unterscheidet die Heuristik zwischen einem aperiodischen Regelverlauf und einem Regelverlauf mit 20% Überschwingweite. Beide Varianten sind aus technologischer Sicht für die Axialkraftregelung beim Tiefbohren nicht optimal.

Gegenstand des vorliegenden Kapitels ist die Entwicklung einer eigenen Reglerauslegung. In Kapitel 5.1 werden die technologischen Anforderungen an die Regelgüte für das Tiefbohren mit Einlippenbohrern kleiner Durchmesser definiert. Die Simulation des geschlossenen Regelkreises ermöglicht es, den Regler unter Berücksichtigung individueller Gütekriterien auszulegen, Kapitel 5.2. In Kapitel 5.3 werden die Eigenschaften der entwickelten Reglerauslegung experimentell untersucht.

5.1 Prozessspezifische Anforderungen an die Regelgüte

Process specific requirements on control performance

Zur Entwicklung einer optimalen Reglerauslegung für das Tiefbohren ist es erforderlich, die in Kapitel 2.2.3 dargestellten Güteforderungen nach Stabilität, Störungskompensation, Sollwertfolge, Dynamik und Robustheit zu ergänzen.

Die zusätzlichen Anforderungen an die Regelgüte werden von den technologischen Bedingungen abgeleitet, die den Werkzeugschutz bei hoher Produktivität gewährleisten:

- Die Vermeidung von Kraftspitzen ist die wichtigste Aufgabe des Regelungssystems. Die filigrane Struktur von Einlippenbohrern kleiner Durchmesser erfordert eine schnelle Reaktion des Reglers, um das Werkzeug bei einem plötzlichen Axialkraftanstieg zu entlasten. Um die Intensität der Regelabweichung zu berücksichtigen, soll die quadratische Regelfläche aus Formel (2.10) minimiert werden.

- Die gezielte Kompensation von Störungen erfordert eine gedämpfte Reaktion des Reglers, um den Sollwert der Axialkraft möglichst konstant zu halten. Trotz der geforderten Dynamik sollte es daher nicht zu einem Überschwingen kommen. Der generelle Verzicht auf jegliches Einschwingverhalten im aperiodischen Grenzfall ist hingegen technologisch nicht erforderlich und angesichts der damit verbundenen Trägheit nicht wünschenswert.
- Viele Produktionssysteme, insbesondere die in Kapitel 4.1 beschriebene Regelstrecke, besitzen ein ausgeprägtes Totzeitverhalten, das bei der Reglerauslegung berücksichtigt werden muss.

Bild 5-1 zeigt den optimalen Regelverlauf für das Tiefbohren im Vergleich zu den beiden Regelverläufen, die von der Einstellheuristik nach CHIEN, HRONES und RESWICK angeboten werden.

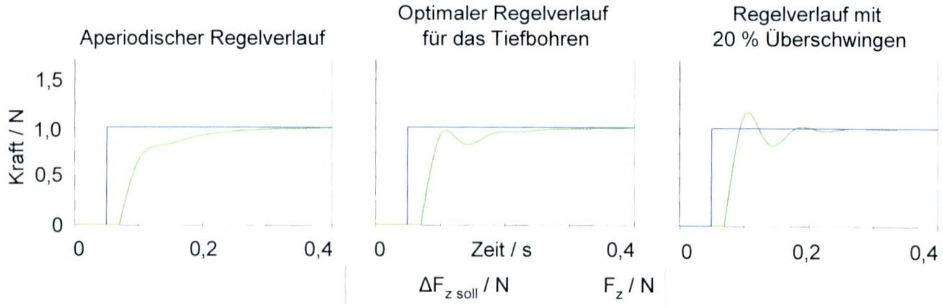

Bild 5-1: Vergleich der Regelverläufe
Comparison between control characteristics

Links in Bild 5-1 ist der aperiodische Regelverlauf nach CHIEN, HRONES und RESWICK dargestellt. Das träge Reglerverhalten würde Kraftspitzen unzureichend kompensieren und das Werkzeugbruchrisiko erhöhen. In der Mitte ist der für das Tiefbohren optimale Regelverlauf dargestellt. Er gewährleistet zunächst eine möglichst schnelle Reaktion auf große Regelabweichungen und zeigt im weiteren Verlauf ein eher konservatives Verhalten, sodass die Regelgröße nicht überschwingt. Im Falle einer Prozessstörung reagiert der Regler somit schnell und gezielt auf eine drohende Überlastsituation. Das rechte Diagramm zeigt den Regelverlauf mit 20% Überschwingen nach CHIEN, HRONES und RESWICK. Trotz besserer Dynamik erfolgt die Reaktion nicht hinreichend gedämpft, sodass die Regelgröße überschwingt. Darüber hinaus wird die Robustheit aufgrund der progressiveren Reglerauslegung reduziert.

5.2 ENTWICKLUNG DER REGLERAUSLEGUNG
Development of the controller design

Nachdem die grundsätzlichen Anforderungen an die Regelgüte prozessspezifisch ergänzt worden sind, wird eine entsprechende Reglerauslegung entwickelt. Die konkrete Aufgabe besteht darin, dem Proportionalfaktor K_s, der Verzögerungszeit T_s und der Totzeit T_t der Regelstrecke einen Proportionalfaktor K_c und eine Integrationszeitkonstante T_i des Reglers zuzuweisen, die das geforderte Regelkreisverhalten erzeugen. Prozessstörungen treten innerhalb der Regelstrecke zwischen Werkzeug und Kraftmessplattform auf, Bild 4-4. Sie wirken ohne zeitliche Verzögerung ungedämpft auf die Kraftmessplattform und somit auch auf den Regler. Daher muss die Auslegung für ein gutes Führungsverhalten erfolgen.

Um den Einfluss der Strecken- und Reglerparameter auf den Regelverlauf zu untersuchen wird der geschlossene Regelkreis simuliert. Hierzu wird die Software LabVIEW verwendet. Für den gesamten Parameterraum der Regelstrecke aus Tabelle 4-2 werden die Reglerparameter K_c und T_i ermittelt, die eine optimale Regelgüte herbeiführen. Aus den Ergebnissen wird mit der Software MATLAB ein mathematischer Zusammenhang formuliert, der die Streckenparameter K_s, T_s und T_t auf die Reglerparameter K_c und T_i abbildet.

Zur Entwicklung einer eigenen Reglerauslegung sind folgende Schritte erforderlich:

- Ermitteln von Reglerparametern, die zu einem optimalen Regelverlauf führen,
- Ableitung der Reglerauslegung aus den Simulationsergebnissen und
- Überprüfung der Robustheit.

Ermitteln von Reglerparametern, die zu einem optimalen Regelverlauf führen:

Die Übertragungsfunktion des geschlossenen Regelkreises in Bild 4-4 lautet:

$$G(s) = \frac{K_c \cdot K_s \cdot (1 + T_i s)}{T_i s \cdot (1 + T_s s) + K_c \cdot K_s \cdot (1 + T_i s)} \cdot e^{-T_t \cdot s}. \tag{5.1}$$

In der Übertragungsfunktion sind die Proportionalfaktoren K_c und K_s stets als Produkt enthalten. Daher muss das Produkt von K_c und K_s für eine vorgegebene Kombination von T_s und T_t in der optimalen Lösung konstant sein. Das Produkt der Proportionalfaktoren wird im Folgenden mit K bezeichnet. Sind der Proportionalfaktor der Regelstrecke und das dazugehörige K bekannt, kann der Proportionalfaktor des Reglers K_c berechnet werden:

$$K_c = \frac{K}{K_s}. \tag{5.2}$$

Durch Simulation des geschlossenen Regelkreises kann der Parameter K nur dann anhand des geforderten Regelverlaufs ermittelt werden, wenn die übrigen Parameter T_s, T_t und T_i bekannt sind. Der relevante Parameterraum für T_s und T_t wurde bereits in Tabelle 4-2 definiert. Beide Parameter werden mit einer Schrittweite von 0,01 s variiert, sodass sich daraus 30 Parameterkombinationen ergeben.

Der Reglerparameter T_i ist zunächst unbekannt. Daher wird ein Algorithmus erstellt, in dem T_i der Intervallschachtelung unterliegt und im ersten Durchlauf lediglich durch ein genügend großes Intervall abzuschätzen ist. Die Addition der maximalen Tot- und Verzögerungszeit der Regelstrecke liefert $T_t + T_s = 0{,}11$ s. Durch die nächste Zehnerpotenz lässt sich eine sichere obere Schranke für T_i definieren. Daher wird der Zeitbereich zwischen 0 und 1 s als Startintervall gewählt. Der folgende Algorithmus zur Bestimmung von K und T_i wird auf jede der 30 Parameterkombinationen von T_s und T_t angewendet. Zur Berücksichtigung der Effekte, die aus den zunächst unbekannten Parametern K und T_i hervorgehen, ist der Algorithmus in zwei Schritte gegliedert:

1. Bestimmung von K als abhängige Variable von T_i

2. Bestimmung von T_i

Bild 5-2 veranschaulicht den Algorithmus zur Optimierung der Parameter K und T_i.

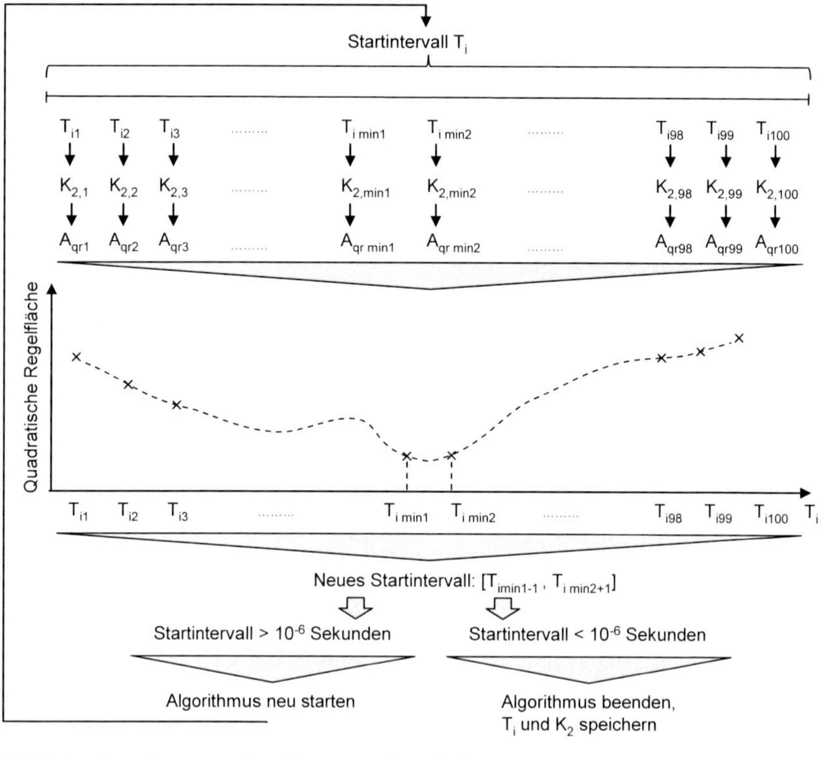

Bild 5-2: Algorithmus zur Ermittlung von K und T_i
Algorithm for investigation of K and T_i

Zunächst wird das Intervall von T_i in 100 äquidistante Werte unterteilt. Im ersten Schritt wird für jeden Wert von T_i der Wert des Parameters K ermittelt, der den geforderten Regelverlauf hervorruft. Bild 5-3 zeigt die quadratische Regelfläche A_{qr} und unterschiedliche Regelverläufe in Abhängigkeit von K. K_1 ist der Wert, bei dem die quadratische Regelfläche das Minimum erreicht. Für $K < K_1$ nähert sich die Regelgröße langsamer und das Überschwingen nimmt ab. Für $K > K_1$ verstärkt sich das Überschwingen. K_2 ist der Grenzwert von K, bei dem kein Überschwingen auftritt und gleichzeitig die Regelfläche einen minimalen Wert annimmt. Aufgrund der Monotonie wird $K_2(T_i)$ nach dem Bisektionsverfahren mit dem Entscheidungskriterium 'Überschwingen' ermittelt und nach Erreichen einer Intervallgröße kleiner 10^{-6} abgebrochen.

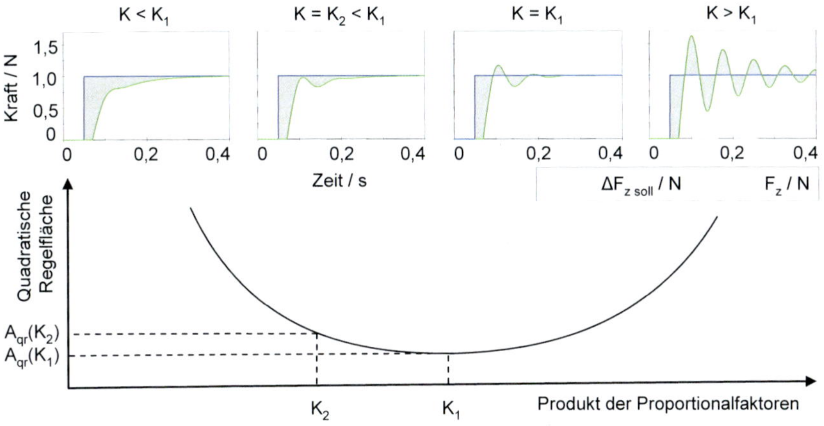

Bild 5-3: Quadratische Regelfläche und Regelverläufe in Abhängigkeit vom Produkt der Proportionalfaktoren

Quadratic form and control characteristics depending on the product of the proportional factors

Im zweiten Schritt wird für jeden Wert von T_i unter Verwendung des im ersten Schritt ermittelten $K_2(T_i)$ die zugehörige quadratische Regelfläche $A_{qr}(T_i, K_2(T_i))$ berechnet. Da der Funktionsverlauf nicht bekannt ist, liefern die beiden kleinsten $A_{qr}(T_i, K_2(T_{i\,min}))$ jeweils ein $T_{i\,min}$, das, um eine Schrittweite zu beiden Seiten erweitert, als Startintervall für einen erneuten Durchlauf dient. Ist das neue Startintervall kleiner 10^{-6} s, wird der Algorithmus abgebrochen und das T_i mit dem kleinsten A_{qr} als optimales T_i mit dem dazugehörigen K gespeichert.

Bild 5-4 zeigt den logischen Aufbau des Algorithmus zur Ermittlung von K und T_i im Nassi-Shneidermann-Diagramm.

Wähle Streckenparameterkombination von T_s und T_t

Optimiere T_i

Schleifenabbruch: Intervall, in dem T_i liegt, ist klein genug

Suche K_2 zu gegebenen T_i

Schleifenabbruch: Intervall, in dem K_2 liegt, ist klein genug

Simuliere die Einheitssprünge

Überprüfe auf Überschwingen

Verkleinere das Intervall für K_2 durch Bisektion

Speichere das Ergebnis von Strecken- und Reglerparameterkombination

Bild 5-4: Nassi-Shneidermann-Diagramm des Algorithmus zur Ermittlung von K und T_i
Nassi-Shneidermann-Diagram of the algorithm for investigation of K und T_i

Ableitung der Reglerauslegung aus den Simulationsergebnissen:

Die Ergebnisse des Algorithmus sind in Bild 5-5 dargestellt. Diagramm a) zeigt die optimalen Werte für K in Abhängigkeit von T_t und T_s. Diagramm b) zeigt analog die optimalen Werte für T_i. Entsprechend der in LabVIEW üblichen Gebrauchsweise sind T_t und T_s in Sekunden, T_i hingegen in Minuten angegeben.

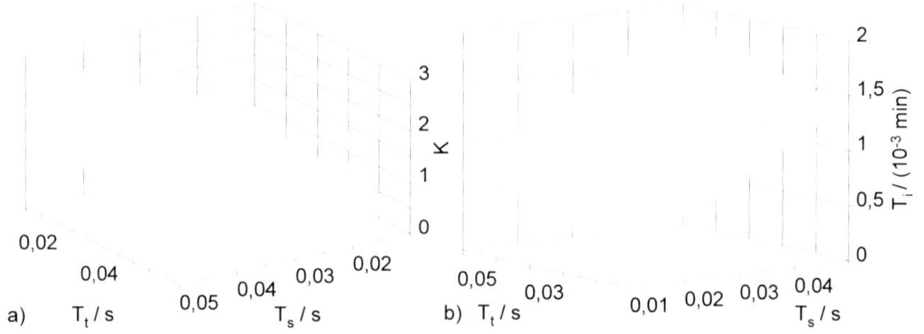

Bild 5-5: Graphische Darstellung der entwickelten Reglerauslegung
Visualisation of the parameter allocation developed

Offensichtlich zeigt K eine lineare Abhängigkeit von T_s und eine antiproportionale Abhängigkeit von T_t, sodass folgender Funktionsansatz zur nichtlinearen Ausgleichsrechnung gewählt wird:

$$K = a_1 + \frac{a_2 \cdot T_s}{T_t^{a_3}}. \tag{5.3}$$

Die Funktion 'lsqnonlin' der Software MATLAB verwendet zur Berechnung der Koeffizienten a_i den Levenberg-Marquardt-Algorithmus und liefert folgendes Ergebnis:

$$K = 0{,}3913 + \frac{0{,}6965 \cdot T_s}{T_t^{0{,}9231}}. \tag{5.4}$$

Die quadrierte 2-Norm des Residuums beträgt 0,0078 und bestätigt die gute Übereinstimmung der Berechnungsvorschrift mit den Simulationsergebnissen.

Nach Formel (5.2) ergibt sich die Reglerauslegung für den Proportionalfaktor K_c des Reglers aus den Streckenparametern K_s, T_s und T_t:

$$K_c = \frac{1}{K_s} \cdot \left(0{,}3913 + \frac{0{,}6965 \cdot T_s}{T_t^{\;0{,}9231}} \right). \tag{5.5}$$

T_i zeigt offensichtlich lineare Abhängigkeiten von T_s und T_t. Daher wird folgender Funktionsansatz mit den Koeffizienten a_i gewählt:

$$T_i = a_4 + a_5 \cdot T_t + a_6 \cdot T_s. \tag{5.6}$$

Die Ausgleichsrechnung liefert folgende Reglerauslegung für die Integrationszeitkonstante T_i des Reglers aus den Streckenparametern T_s und T_t:

$$T_i = 0{,}0091 \cdot T_t + 0{,}0273 \cdot T_s. \tag{5.7}$$

Das kleine Residuum von $19{,}98 \cdot 10^{-9}$ bestätigt auch in diesem Fall die gute Übereinstimmung der Berechnungsvorschrift mit den Simulationsergebnissen.

Überprüfung der Robustheit:

Die Robustheit ist ein wesentliches Kriterium der Regelgüte. Allerdings geht sie nicht unmittelbar aus dem Regelverlauf hervor. Sie beschreibt die Eigenschaft, das Regelverhalten möglichst gut beizubehalten, wenn sich die reale Strecke gegenüber den der Auslegung zugrunde liegenden Parametern verändert. Letzteres tritt auch bei adaptiven Regelungssystemen auf, wenngleich nur kurzzeitig während der Parameteradaption.

Zur Überprüfung der Robustheit wird der offene Regelkreis mit Hilfe der Software LabVIEW simuliert. Der gesamte Parameterraum der Regelstrecke aus Tabelle 4-2 wird unter Verwendung der entwickelten Reglerauslegung hinsichtlich der resultierenden Amplituden- und Phasenreserve untersucht. Bild 5-6 zeigt die Amplituden- und die Phasenreserve in Abhängigkeit von T_t und T_s.

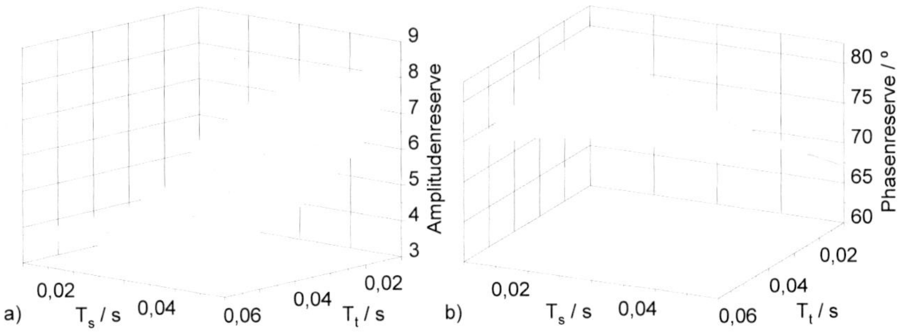

Bild 5-6: Amplituden- und Phasenreserve der entwickelten Reglerauslegung
Amplitude and phase margin of the controller design developed

GLATTFELDER [Glat97] empfiehlt eine Amplitudenreserve von mindestens 4 sowie eine Phasenreserve von mindestens 40°, um die Robustheit der Reglerauslegung sicherzustellen. Da die Amplitudenreserve im ungünstigsten Fall mit 3,75 nur geringfügig unterhalb der Empfehlung liegt und die Phasenreserve den empfohlenen Grenzwert im gesamten Parameterraum deutlich überschreitet, wird die Robustheit der entwickelten Reglerauslegung als zufriedenstellend beurteilt.

Zwischenfazit:

Durch Simulation des geschlossenen Regelkreises wurde eine Reglerauslegung entwickelt, die zur Auslegung von PI-Reglern anhand eines totzeitbehafteten PT1-Streckenverhaltens verwendet werden kann. Insbesondere ist sie für Produktionssysteme mit ausgeprägtem Totzeitverhalten geeignet. Die Simulation des offenen Regelkreises hat für den relevanten Parameterraum eine zufriedenstellende Robustheit anhand der vorhandenen Amplituden- und Phasenreserve ergeben.

5.3 Experimentelle Untersuchung der entwickelten Reglerauslegung
Experimental tests on the controller design developed

Ziel ist es, die Eigenschaften der entwickelten Reglerauslegung experimentell zu untersuchen und die realen Regelverläufe anhand der prozessspezifischen Anforderungen aus Kapitel 5.1 zu prüfen. Als Vergleich dienen die Eigenschaften der etablierten Heuristik von CHIEN, HRONES und RESWICK für gutes Führungsverhalten und aperiodischen Regelverlauf, da ein Überschwingen technologisch nicht zugelassen werden kann.

Um die Reglerparametrierung nach beiden Auslegungsvarianten durchführen zu können, wurde zunächst die Übertragungsfunktion der Regelstrecke für die Werkstoffe 100Cr6, ADI800 und AlSi7Mg in 15 mm Bohrtiefe mit der in Kapitel 4.2 beschriebenen Methode ermittelt. Tabelle 5-1 zeigt die verwendeten Prozess-, Anregungs- und Werkzeugparameter.

Tabelle 5-1: Parameter zum Vergleich der Reglerauslegungen
Parameters for the comparison of control designs

Prozessparameter	v_c / (m/min)	p_{KSS} / MPa	U_{reg} / V
	70	14	0 - 8
Anregungsparameter	*100Cr6*	*ADI800*	*AlSi7Mg*
U_{reg} [V]	3	3	4
ΔV_S [V]	*1,5*	*1,5*	*2,0*
Werkzeugparameter	*D / mm*	*L / mm*	κ_r / °
	2	210	30/40

Für jeden Versuch wurde das gleiche Werkzeug verwendet. Die relativ geringe Bohrtiefe von 15 mm wurde bewusst gewählt, um einerseits den Führungsteil des Werkzeugs von 12 mm Länge vollständig in das Werkstück eintreten zu lassen und andererseits die verschleißbedingte Veränderung des Übertragungsverhaltens innerhalb der Untersuchungen weitestgehend vernachlässigen zu können.

Bei aktiver Regelung wird, analog zur Identifikation, in 15 mm Bohrtiefe die Führungsgröße sprunghaft verändert. Der Regelverlauf, der aus den beiden Reglerauslegungen hervorgeht, wird gemessen und anhand der quadratischen Regelfläche bewertet. Um die Vergleichbarkeit der Werte untereinander zu erleichtern, wird die quadratische Regelfläche auf den Betrag des Führungsgrößensprungs normiert.

Tabelle 5-2 zeigt die arithmetischen Mittelwerte der Regelstreckenparameter für 100Cr6 aus drei Identifikationen in 15 mm Bohrtiefe sowie die Reglerparameter, die aus den beiden Parameterzuweisungen hervorgehen.

Tabelle 5-2: Strecken- und Reglerparameter für die Versuche in 100Cr6
Path and controller parameters of the tests in 100Cr6

Regelstreckenparameter	K_s	T_s / s	T_t / s
	3,65	0,0195	0,03
Reglerparameter	K_c	T_i / 10^{-3} min	K_i / (1/min)
Chien, Hrones und Reswick	0,0623	0,390	159,7
Eigene Reglerauslegung	0,2019	0,810	249,3

Das Verhältnis T_t/T_s deutet mit einem Wert von 1,54 auf ein ausgeprägtes Totzeitverhalten hin und verletzt somit deutlich den Gültigkeitsbereich der Heuristik von CHIEN, HRONES und RESWICK. Nach der eigenen Reglerauslegung werden der Proportionalfaktor K_c etwa 3,2-fach und der Integrationsfaktor K_i etwa 1,5-fach größer gewählt.

In Bild 5-7 sind exemplarisch der Regelverlauf und die normierte quadratische Regelfläche $A_{qr,norm}$ dargestellt, die sich aus der Heuristik von CHIEN, HRONES und RESWICK in 100Cr6 ergeben.

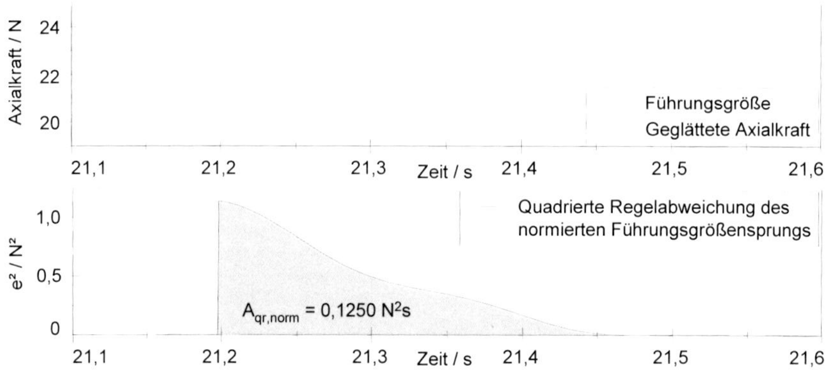

Bild 5-7: Regelverlauf und $A_{qr,norm}$ aufgrund der Reglerauslegung nach Chien, Hrones und Reswick in 100Cr6

Control characteristicts and $A_{qr,norm}$ resulting from a controller design according to Chien, Hrones und Reswick in 100Cr6

Die Axialkraft strebt nach dem Führungsgrößensprung langsam gegen den neuen Wert der Führungsgröße und erreicht ihn nach 0,28 s. $A_{qr,norm}$ beträgt 0,1250 N^2s.

Bild 5-8 zeigt den Regelverlauf und $A_{qr,norm}$ infolge der eigenen Reglerauslegung.

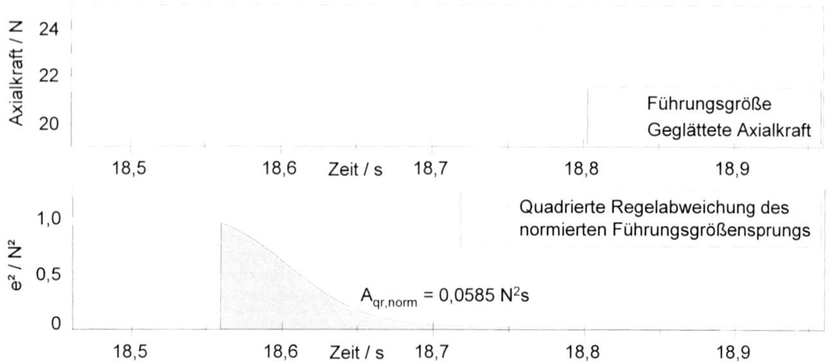

Bild 5-8: Regelverlauf und $A_{qr,norm}$ aufgrund der eigenen Reglerauslegung in 100Cr6

Control characteristicts and $A_{qr,norm}$ resulting from the own controller design in 100Cr6

Der Vergleich von Bild 5-7 und Bild 5-8 zeigt, dass sich die gemessene Axialkraft bei Verwendung der eigenen Reglerauslegung deutlich schneller der Führungsgröße nähert und dadurch $A_{qr,norm}$ um 53% reduziert wird. Im weiteren Verlauf schmiegt sich die Axialkraft an den neuen Sollwert an und erreicht ihn ebenfalls nach 0,28 s.

Darüber hinaus tritt bei beiden Reglerauslegungen kein Überschwingen auf. Die geringfügigen Regelabweichungen in der Größenordnung weniger Zehntelnewton sind vor und nach dem Sprung zu beobachten und resultieren aus der Kompensation von Störeffekten.

Die Mittelwertbildung aus jeweils vier Versuchen liefert um 45,7% verbesserte $A_{qr,norm}$-Werte bei der eigenen Reglerauslegung. Aufgrund der deutlich stärkeren Reglerparameter wird nicht nur die quadratische Regelfläche reduziert, es entsteht auch ein deutlich günstigerer Regelverlauf, der eine schnelle und gezielte Entlastung des Werkzeugs im Falle einer Prozessstörung hervorruft.

Tabelle 5-3 zeigt die Strecken- und Reglerparameter beider Auslegungen für ADI800.

Tabelle 5-3: Strecken- und Reglerparameter für die Versuche in ADI800
Path and controller parameters of the tests in ADI800

Regelstreckenparameter	K_s	T_s / s	T_t / s
	2,80	0,0205	0,0145
Reglerparameter	K_c	T_i / 10^{-3} min	K_i / (1/min)
Chien, Hrones und Reswick	0,1767	0,410	431,0
Eigene Reglerauslegung	0,3937	0,690	570,1

Für ADI800 ist das Verhältnis T_t/T_s zwar wesentlich kleiner als für 100Cr6, jedoch überschreitet es mit 0,71 den Grenzwert der Heuristik von CHIEN, HRONES und RESWICK um mehr als das Doppelte. Nach der eigenen Reglerauslegung werden der Proportionalfaktor K_c 2,2-fach und der Integrationsfaktor K_i etwa 1,3-fach größer gewählt.

Bild 5-9 zeigt den Regelverlauf und $A_{qr,norm}$, die sich aus der Heuristik nach CHIEN, HRONES und RESWICK in ADI800 ergeben.

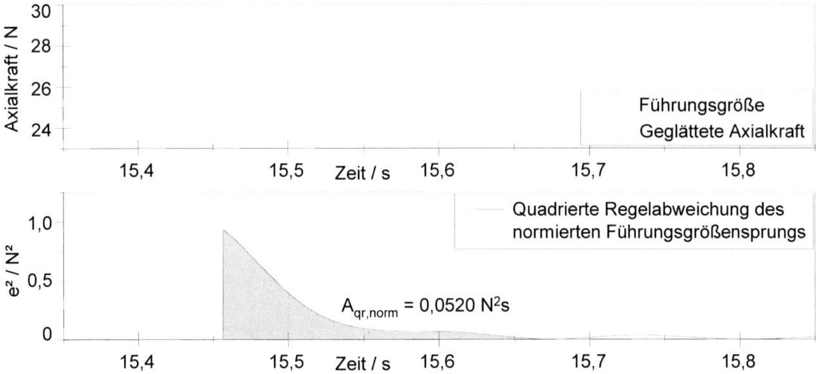

Bild 5-9: Regelverlauf und $A_{qr,norm}$ aufgrund der Reglerauslegung nach Chien, Hrones und Reswick in ADI800
Control characteristicts and $A_{qr,norm}$ resulting from a controller design according to Chien, Hrones und Reswick in ADI800

Die Axialkraft strebt nach dem Führungsgrößensprung langsam gegen den neuen Wert der Führungsgröße und erreicht ihn nach 0,19 s. $A_{qr,norm}$ beträgt 0,0520 N^2s.

Zum direkten Vergleich zeigt Bild 5-10 den Regelverlauf und $A_{qr,norm}$ infolge der eigenen Reglerauslegung.

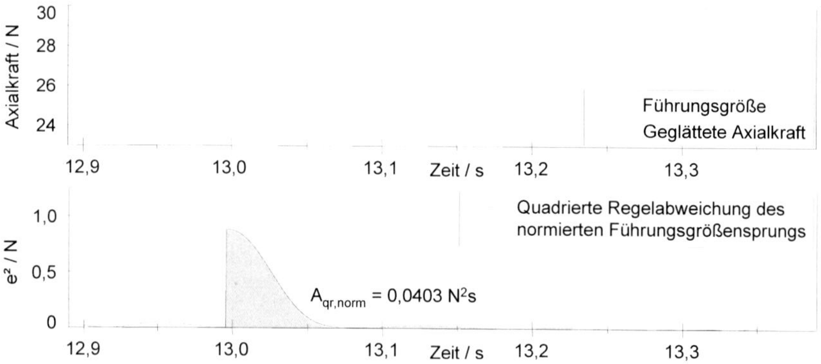

Bild 5-10: Regelverlauf und $A_{qr,norm}$ aufgrund der eigenen Reglerauslegung in ADI800
Control characteristicts and $A_{qr,norm}$ resulting from the own controller design in ADI800

Der Vergleich von Bild 5-9 und Bild 5-10 zeigt, dass $A_{qr,norm}$ durch die eigene Reglerauslegung um 23% reduziert wird und die gemessene Axialkraft nach 0,07 s den neuen Sollwert deutlich schneller erreicht. Beide Reglerauslegungen erzeugen kein Überschwingen, allerdings muss die Regelung in ADI800 deutlich stärkere Störeffekte kompensieren, sodass Regelabweichungen von bis zu 1 N auftreten. Die Mittelwertbildung aus jeweils vier Versuchen liefert um 29,6% verbesserte $A_{qr,norm}$-Werte aufgrund der eigenen Reglerauslegung.

Tabelle 5-4 zeigt die Strecken- und Reglerparameter beider Parameterzuweisungen für AlSi7Mg.

Tabelle 5-4: Strecken- und Reglerparameter für die Versuche in AlSi7Mg
Path and controller parameters of the tests in AlSi7Mg

Regelstreckenparameter	K_s	T_s / s	T_t / s
	2,05	0,0190	0,0160
Reglerparameter	K_c	T_i / 10^{-3} min	K_i / (1/min)
Chien, Hrones und Reswick	0,2027	0,380	533,4
Eigene Reglerauslegung	0,4844	0,660	733,9

Das Verhältnis T_t/T_s liegt bei AlSi7Mg mit 0,84 ebenfalls jenseits des Gültigkeitsbereichs der Heuristik von CHIEN, HRONES und RESWICK. Durch die eigene Reglerlauslegung wird der Proportionalfaktor K_c etwa 2,3-fach und der Integrationsfaktor K_i etwa 1,4-fach größer ausgelegt.

Aufgrund der Reglerauslegung von CHIEN,HRONES und RESWICK ergibt sich in AlSi7Mg ein $A_{qr,norm}$ von 0,0606 N²s. Der neue Sollwert wird von der Axialkraft nach 0,14 s erreicht, Bild 5-11.

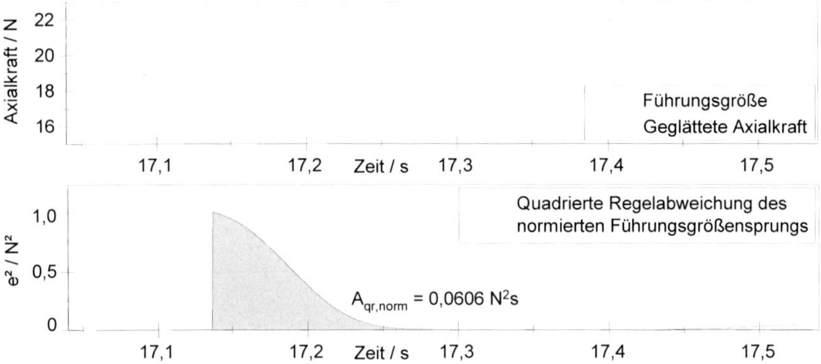

Bild 5-11: Regelverlauf und $A_{qr,norm}$ aufgrund der Reglerauslegung nach Chien, Hrones und Reswick in AlSi7Mg

Control characteristicts and $A_{qr,norm}$ resulting from a controller design according to Chien, Hrones und Reswick in AlSi7Mg

Bild 5-12 zeigt Entsprechendes für die eigene Reglerauslegung.

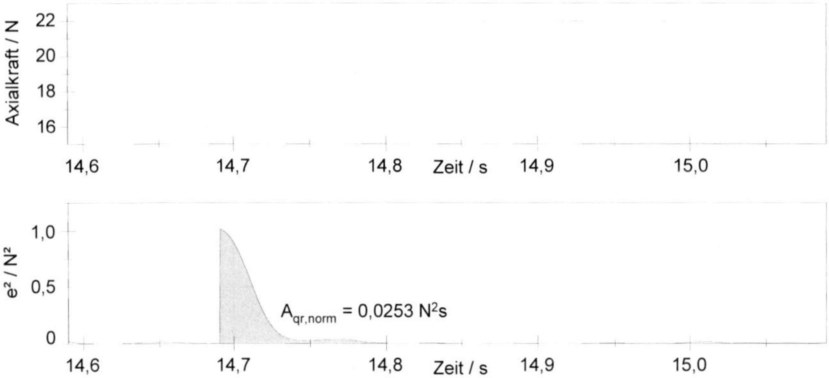

Bild 5-12: Regelverlauf und $A_{qr,norm}$ aufgrund der eigenen Reglerauslegung in AlSi7Mg

Control characteristicts and $A_{qr,norm}$ resulting from the own controller design in AlSi7Mg

Der Vergleich von Bild 5-11 und Bild 5-12 zeigt, dass durch die eigene Reglerauslegung $A_{qr,norm}$ um 58% reduziert wird und die gemessene Axialkraft den neuen Sollwert nach 0,11 s erreicht. Bei der eigenen Reglerauslegung fällt erneut auf, dass die Axialkaft zunächst sehr schnell gegen den neuen Sollwert strebt und sich im weiteren Verlauf eher konservativ nähert, um ein Überschwingen zu vermeiden. Auch in AlSi7Mg muss die Regelung Störeffekte kompensieren, sodass Regelabweichungen von bis zu 0,8 N auftreten. Die Mittelwertbildung aus jeweils vier Versuchen liefert um 46,3% verbesserte $A_{qr,norm}$-Werte aufgrund der eigenen Reglerauslegung.

5.4 Zusammenfassung
Summary

Die filigrane Struktur von Einlippenbohrern kleiner Durchmesser erfordert eine schnelle und gezielte Reaktion des Reglers auf Kraftspitzen. Die etablierte Heuristik von CHIEN, HRONES und RESWICK liefert Empfehlungen für den aperiodischen Grenzfall sowie für eine Überschwingweite von 20%. Beides ist aus technologischer Sicht für die Axialkraftregelung nicht optimal, da weder auf den Einschwingvorgang verzichtet werden müsste, noch ein Überschwingen zugelassen werden könnte. Für eine dynamische Reglerauslegung zwischen den beiden Extremen liefert die Heuristik keine Empfehlung. Ferner erfüllen viele Produktionssysteme, insbesondere die in Kapitel 4.1 beschriebene Regelstrecke, nicht die empfohlene Voraussetzung $T_t / T_s < 1/3$ zur Anwendung der Heuristik.

Daher wurde eine eigene Reglerauslegung entwickelt, die einen technologisch optimalen Regelverlauf hervorruft. Der Regelverlauf beinhaltet zunächst eine möglichst schnelle Reaktion auf große Regelabweichungen und im weiteren Verlauf ein eher konservatives Verhalten, sodass die Regelgröße nicht überschwingt. Im Falle einer Prozessstörung reagiert der Regler somit schnell und gezielt auf eine drohende Überlastsituation. Darüber hinaus ist die eigene Reglerauslegung auch für Regelstrecken mit ausgeprägtem Totzeitverhalten geeignet, da innerhalb des relevanten Parameterraums aus Tabelle 4-2 eine zufriedenstellende Robustheit anhand der vorhandenen Amplituden- und Phasenreserve nachgewiesen wurde.

Die Formeln beider Reglerauslegungen sind in Tabelle 5-5 zusammenfassend dargestellt.

Tabelle 5-5: Zuordnungsvorschriften zur Reglerauslegung
Parameter allocations for controller design

Chien, Hrones und Reswick		*Eigene Reglerauslegung*
Aperiodischer Grenzfall	20% Überschwingweite	
$K_c = \frac{0{,}35}{K_s} \cdot \frac{T_s}{T_t}$	$K_c = \frac{0{,}6}{K_s} \cdot \frac{T_s}{T_t}$	$K_c = \frac{1}{K_s} \cdot \left(0{,}3913 + \frac{0{,}6965 \cdot T_s}{T_t^{0{,}9231}} \right)$
$T_i = \frac{1{,}2 \cdot T_s}{60}$	$T_i = \frac{T_s}{60}$	$T_i = 0{,}0091 \cdot T_t + 0{,}0273 \cdot T_s$

In praktischen Versuchen wurde eine gute Übereinstimmung der gemessenen Regelverläufe mit den in Kapitel 5.1 geforderten Eigenschaften beobachtet. Als relativer Vergleich wurde die Heuristik von CHIEN, HRONES und RESWICK für gutes Führungsverhalten und aperiodischen Regelverlauf herangezogen, da ein Überschwingen von 20% technologisch nicht zugelassen werden kann. Die resultierenden Regelverläufe wurden anhand der normierten quadratischen Regelfläche $A_{qr,norm}$ verglichen. Der Vergleich zeigte eindeutige Vorteile der eigenen Reglerauslegung aufgrund des technologisch günstigeren Regelverlaufs. Tabelle 5-6 beinhaltet die Mittelwerte der normierten quadratischen Regelfläche $A_{qr,norm}$ aus vier Versuchen für beide Reglerauslegungen sowie die prozentuale Verbesserung aufgrund der eigenen Reglerauslegung.

Tabelle 5-6: Vergleich der Regelgüte beider Reglerauslegungen
Comparison of control characteristics between both controller designs

Gütemaß	*Auslegung*	*100Cr6*	*ADI800*	*AlSi7Mg*
$A_{qr,norm}$ / (N^2s)	Chien, Hrones, Reswick	0,1190	0,0452	0,0587
	Eigene	0,0646	0,0318	0,0315
Verbesserung durch Eigene / %		45,7	29,6	46,3

Im nächsten Schritt werden die entwickelten Identifikationsmethoden sowie die eigene Reglerauslegung in adaptiven Regelungssystemen angewendet und hinsichtlich ihrer Eigenschaften und Auswirkungen auf die Technologie untersucht.

6. Entwicklung adaptiver Regelungssysteme

Development of adaptive control systems

Die Aufgabe der adaptiven Regelung besteht darin, die Axialkraft bei veränderlichen Prozessbedingungen und den massiven Störungseinflüssen von Spänestaus auf einem vorgegebenen Wert zu regeln und insbesondere Kraftspitzen zu reduzieren. Dazu werden die entwickelten Neuerungen zur Regelstreckenidentifikation und Reglerauslegung angewendet. Während die Reglerauslegung in allen vorgestellten Systemen eingesetzt werden kann, erfordert die Umsetzung der in Kapitel 4.2 und 4.3 vorgestellten Identifikationsmethoden den Aufbau unterschiedlicher Regelkreisstrukturen. Kapitel 6.1 beschreibt ein adaptives Regelungssystem mit direkter Reglerparameteradaption und Kapitel 6.2 eines mit rekursiver Reglerparameteradaption. Aufbauend auf der Modellierung des Prozessverhaltens, beschreibt Kapitel 6.3 ein prädiktives Regelungssystem mit rekursiver Reglerparameteradaption. Die Eigenschaften aller drei Systeme werden experimentell untersucht und hinsichtlich ihrer Auswirkungen auf die Technologie beurteilt.

6.1 Entwicklung eines Regelungssystems mit direkter Reglerparameteradaption

Development of a control system with direct controller parameter adaptation

Die Entwicklung eines Regelungssystems mit direkter Reglerparameteradaption baut auf der Methode zur direkten Identifikation des Prozessverhaltens auf. Während des Bohrens müssen der geschlossene Regelkreis aus Bild 4-4 kurzzeitig aufgetrennt und die Regelstrecke angeregt werden. Das Signalpaar aus Systemanregung und -antwort wird analysiert und zur Modellierung des aktuellen Prozessverhaltens genutzt. Durch die eigene Reglerauslegung werden Reglerparameter definiert, die zusammen mit dem aktuellen Streckenmodell eine optimale Regelgüte des geschlossenen Regelkreises hervorrufen.

Die skizzierte Vorgehensweise zur gesteuerten Adaption, Bild 2-15, wurde mit der Software LabVIEW implementiert. Bild 6-1 zeigt die Struktur der Anwendung.

Zu Beginn werden die Anwendung initialisiert und die festgelegen Datenerfassungs-, Reglerauslegungs-, Identifikations- und Stabilitätsparameter aus der Bedienoberfläche ausgelesen. Daraufhin starten die Schleifen zur 'Datenerfassung', 'Datenausgabe', 'Identifikation- und Parameterzuweisung' sowie 'Datenspeicherung'. In der Datenerfassungsschleife werden die Messdaten mit einer Frequenz von 10 kHz erfasst und mit 1 kHz bei einer Paketgröße von 10 Datenpunkten pro Kanal vom Zustandsautomaten an die anderen Schleifen übergeben. Im Zustand 'Anbohren' und 'Regeln' werden die Datenpakete an die Ausgabeschleife übergeben und die Axialkraft wird vom PI-Regler anhand der Stellgröße U_{reg} auf den Wert der Führungsgröße w geregelt. Im Zustand 'Anregung', werden der Regler in der Ausgabeschleife deaktiviert und die Regelstrecke nach dem in Bild 4-7 definierten Signalmuster angeregt. Daraufhin werden der Regler aktiviert und die Messdaten aus Systemanregung und -antwort an die Identifikations- und Parameterzuweisungsschleife gesendet. Vor der Identifikation werden die Daten tiefpassgefiltert, verzögerungs- und nullpunktkorrigiert. Zur Identifikation wird das 'Identifikations-VI' der Software LabVIEW zur Schätzung von kontinuierlichen Transferfunktionen eingesetzt. Als Ergebnis liefert der Programmbaustein die geschätzten Modellparameter der Regelstrecke. Anhand der eigenen Reglerauslegung aus Tabelle 5-5 werden die entsprechenden Reglerparameter zugewiesen und aktiviert.

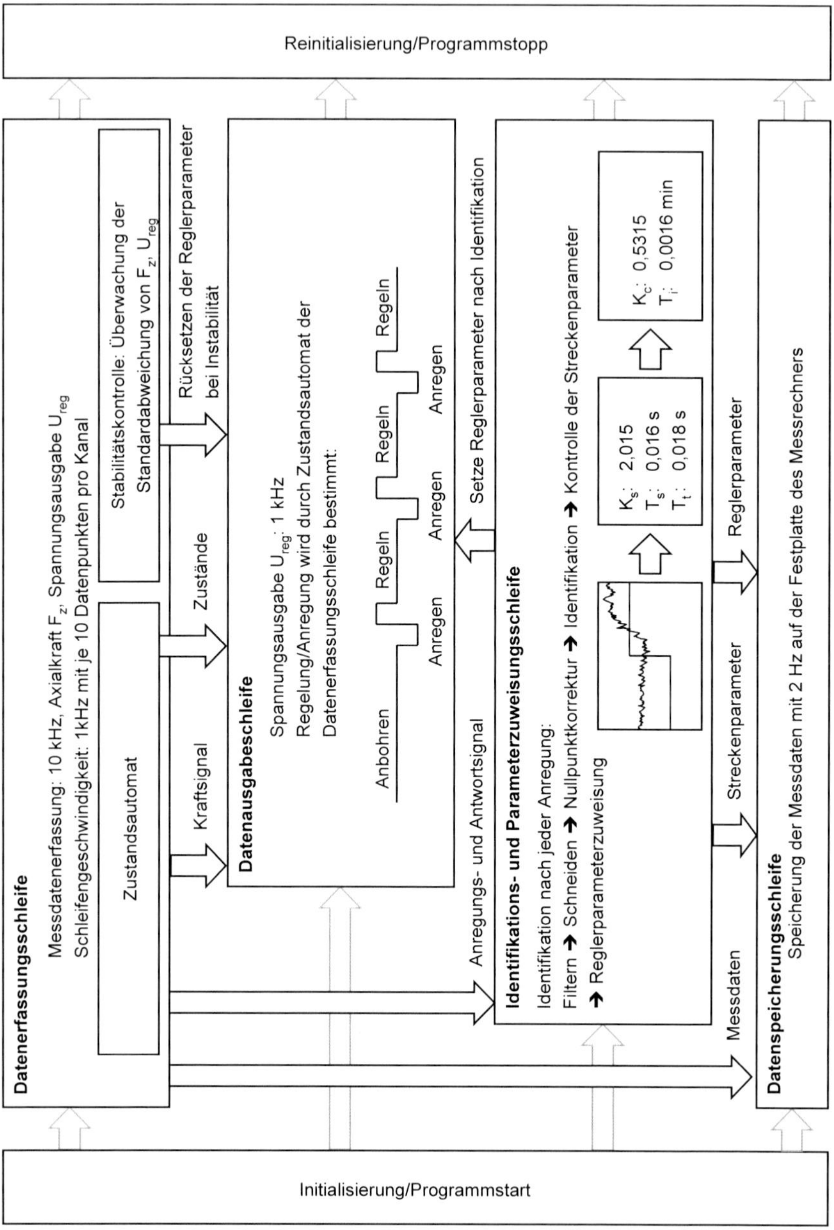

Bild 6-1: Struktur der Regelungsanwendung mit direkter Reglerparameteradaption
Structure of the control application including a direct controller parameter adaptation

Die Identifikations- und Parameterzuweisungsschleife führt zwischen den Identifikationnen eine Stabilitätsüberwachung des Systems durch, indem die Standardabweichung der Stellgröße berechnet wird. Sobald das System deutlich in Schwingung gerät, werden der zulässige Grenzwert der Standardabweichung verletzt und dem Regler entsprechend konservative Parameter zugewiesen, sodass die Stabilität zu Lasten der Dynamik wiederhergestellt wird. Bild 6-2 zeigt den Signalverlauf der Stellgröße vor und nach einem erforderlichen Eingriff der Stabilitätsüberwachung.

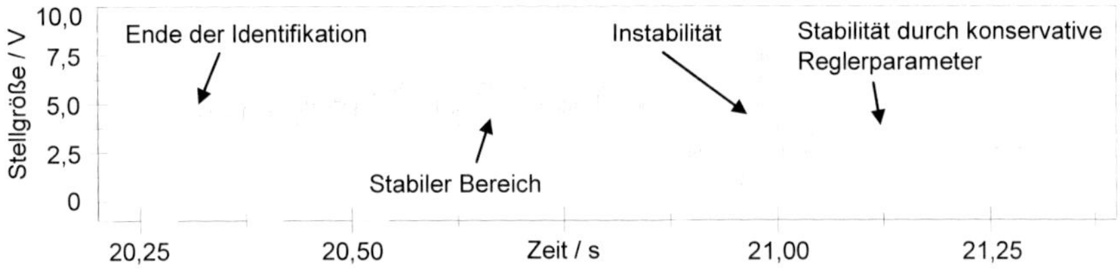

Bild 6-2: Eingriff der Stabilitätsüberwachung
Intervention of the stability monitoring

Alle relevanten Daten werden während der Regelung mit einer Frequenz von 2 Hz an die Speicherschleife übertragen, um eine nachträgliche Analyse zu ermöglichen. Nach der Fertigstellung der Bohrung werden die Schleifen beendet und die Anwendung reinitialisiert.

Versuchsbeschreibung:

Das Ziel des adaptiven Regelungssystems besteht darin, die Axialkraft bei veränderlichen Prozessbedingungen und den massiven Störungseinflüssen von Spänestaus auf einen vorgegebenen Wert zu regeln und insbesondere Kraftspitzen zu reduzieren. Inwiefern die zur Kompensation der Kraftspitzen erforderliche Dynamik und Störungstoleranz durch das System bereitgestellt werden kann, sollen Tiefbohrversuche im Werkstoff 100Cr6 zeigen. Die Versuchsparameter sind in Tabelle 6-1 dargestellt und verwenden das Anregungsmuster aus Bild 4-7.

Tabelle 6-1: Parameter zum Test des adaptiven Regelungssystems mit direkter Reglerparameteradaption
Test parameters for the adaptive control system including a direct controller parameter adaptation

Prozessparameter	*v_c / (m/min)*	*p_{KSS} / MPa*	*U_{reg} / V*	*L_B / mm*
	70	14	0 - 8	55
Werkzeugparameter	*D [mm]*	*L [mm]*	*κ_r [deg]*	*Führungsl.*
	2	210	30/40	Form G

Anregungsparameter	*t_{MAP} / ms*	*t_e / ms*	*t_{MvS} / ms*	*t_{MnS} / ms*	*ΔV_S / V*
	50	100	50	150	1

In der Anbohrphase werden die Startparameter K_c = 0,302 und T_i = 0,728 10^{-3} min verwendet. Nach einer Anbohrzeit von 8 s wird im Abstand von 2 s eine Reglerparameteradaption durchgeführt, bis die gewünschte Bohrungslänge L_B von 55 mm erreicht ist. Die Sprungamplitude ΔV_S = 1 V führt dazu, dass die Stellgröße U_{reg} den mittleren Arbeitspunkt inneralb des Zeitintervalls t_{MAP} während der Identifikationszyklen um 0,5 V überschreitet, Bild 4-7. Die daraus resultierende Axialkraftzunahme kann durch Multiplikation mit dem Proportionalfaktor der Regelstrecke K_s = 3,65 aus Tabelle 5-2 zu etwa 1,8 N abgeschätzt werden und muss als geringfügige Prozessstörung zur Identifikation toleriert werden. Die Stellgröße U_{reg} wird aus Sicherheitsgründen auf 8 V begrenzt, sodass der Anschnitt mit einer Vorschubgeschwindigkeit von maximal 160 mm/min erfolgen kann, Kapitel 4.1. Der Sollwert der Axialkraft $F_{z\ soll}$ wurde mit 34 N so hoch gewählt, dass Spänestaus aufgrund des hohen Zeitspanvolumens provoziert werden und sich ein eindeutiger Schutzbedarf des Werkzeugs durch den Regelungseinsatz ergibt.

Beurteilung der Regel- und Stellgrößensignale:

Bild 6-3 zeigt exemplarisch ein gemessenes Axialkraft- und Stellgrößensignal des adaptiven Regelungssystems mit direkter Reglerparameteradaption in 100Cr6.

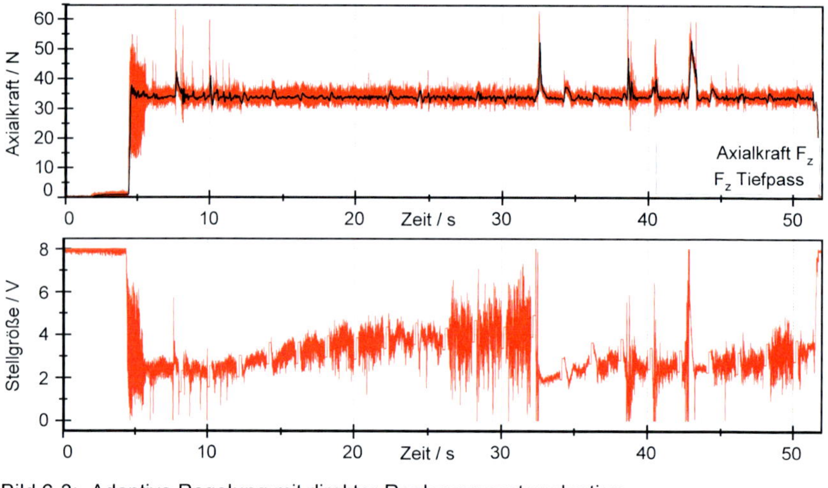

Bild 6-3: Adaptive Regelung mit direkter Reglerparameteradaption
Adaptive control including a direct controller parameter adaptation

Die für den Prozess typische Dynamik während der Anbohrphase wird trotz des zügigen Anschnitts auf ein unkritisches Maß reduziert. Es gelingt dem System jedoch nur bedingt, die Störungen infolge der Spänestaus zu kompensieren, sodass eindeutige Kraftspitzen entstehen. Nach den Identifikationszyklen zu den Zeiten t = 26 s, t = 28 s und t = 30 s steigt die Standardabweichung der Stellgröße an, aber es gelingt dem Regler, die Störungen infolge der Spänestaus zu kompensieren und die Stabilität aufrecht zu erhalten. Bei t = 32 s kommt es zu einem massiven Spänestau während der Identifikation. Dadurch werden die Regelstrecke fehlerhaft modelliert und Reglerparameter zugewiesen, die einen Eingriff der Stabilitätsüberwachung hervorrufen. Durch den Eingriff wird zwar die Stabilität zügig wiederhergestellt, allerdings wird die Störung infolge der konservativen Reglerparameter unzureichend kompensiert.

Die geringfügige Prozessstörung durch die Systemanregung ist im Axialkraftsignal F_z aufgrund der natürlichen Prozessdynamik kaum wahrnehmbar. Lediglich im tiefpassgefilterten Axialkraftsignal sowie im Stellgrößensignal U_{reg} lassen sich die Identifikationszyklen eindeutig erkennen.

Die Identifikation des Prozessverhaltens am offenen Regelkreis besitzt den systematischen Nachteil, dass der Regler kurzzeitig deaktiviert werden muss und der Werkzeugschutz für den entsprechenden Zeitabschnitt verloren geht. Bei den in Tabelle 6-1 genannten Anregungsparametern tritt dieser Fall im Abstand von 2 s für einen Zeitraum von 0,3 s ein.

Für die weitere technologische Beurteilung des Systems wird die Zuverlässigkeit der Methode zur direkten Regelstreckenidentifikation untersucht. Dabei lassen sich folgende Szenarien unterscheiden:

a) Die Identifikation bildet das aktuelle Prozessverhalten korrekt ab. Die Reglerparameter werden für das reale Prozessverhalten optimal gewählt.

b) Die Identifikation bildet das aktuelle Prozessverhalten außerhalb des in Tabelle 4-2 definierten Parameterraums ab. Die Reglerparameter werden nicht aktualisiert, da der Vertrauensbereich der Identifikation verletzt wird.

c) Die Identifikation bildet das aktuelle Prozessverhalten durch einen kurzzeitigen Spänestau verfälscht ab. Die Reglerparameter sind zwar für den Zeitpunkt der Störung optimal gewählt, verfehlen jedoch das reale Prozessverhalten nach der Störung. Um die Zuverlässigkeit zu quantifizieren, wurden alle Identifikationsergebnisse innerhalb von 10 Bohrungen den genannten Szenarien zugeordnet. Tabelle 6-2 zeigt die entsprechenden Anteile.

Tabelle 6-2: Zuverlässigkeit der direkten Identifikation
Reliability of the direct identification

Szenario	*Anteil [%]*
Identifikationsergebnis korrekt	50,9
Identifikationsergebnis außerhalb des Vertrauensbereichs	36,3
Identifikationsergebnis störungsbehaftet	12,8

Etwa 51% der Identifikationszyklen liefern eine erfolgreiche Reglerparameteradaption, die in guter Näherung das reale Prozessverhalten berücksichtigt. In etwa 36% der Identifikationszyklen erfolgt keine Reglerparameteradaption. Obwohl der Schutz vor Instabilität durch die Stabilitätsüberwachung erhalten bleibt, wird das Ziel, eine optimale Regelgüte hervorzurufen, möglicherweise verfehlt, da die Aktualisierung des Prozessverhaltens ausbleibt. 13% der Identifikationszyklen sind als kritisch zu beurteilen, da ungeeignete Reglerparameter zugewiesen werden, obwohl der Vertrauensbereich der Regelstreckenparameter nicht verletzt wird. In diesen Fällen entscheidet der Störungseinfluss, beispielsweise eines aufkommenden oder abwandernden Spänestaus, darüber, ob die Reglerparameter für die gewünschte Regelgüte zu konservativ oder zu progressiv gewählt werden.

Zwischenfazit:

Es wurde ein adaptives Regelungssystem für das Tiefbohren entwickelt, das die Reglerparameter in diskreten Zeitabständen an das identifizierte Prozessverhalten anpasst. Hierzu wurden die Methode zur direkten Regelstreckenidentifikation aus Kapitel 4.2 und die prozessspezifische Reglerauslegung aus Kapitel 5 angewendet.

Um die erforderliche Dynamik und Störungstoleranz des Systems unter den massiven Störungseinflüssen von Spänestaus experimentell zu überprüfen, wurde der Sollwert der Axialkraft bewusst so hoch gewählt, dass aufgrund des hohen Zeitspanvolumens vermehrt Spänestaus auftraten. Es wurde dargestellt, dass es dem System nur bedingt gelingt, die Kraftspitzen aufgrund der massiven Störungen zu kompensieren.

Die Regel- und Stellgrößensignale zeigten eindeutige Defizite der direkten Regelstreckenidentifikation am offenen Regelkreis. Neben dem systematisch fehlenden Werkzeugschutz während der Reglerdeaktivierung muss auch die Zuverlässigkeit der Methode in Frage gestellt werden:

- Lediglich 51% der Identifikationszyklen lieferten eine angemessene Reglerparameteradaption.
- 36% der Identifikationszyklen führten zu keiner Reglerparameteradaption, indem sie ein Modell für das aktuelle Prozessverhalten außerhalb des Vertrauensbereichs anboten.
- 13% der Identifikationszyklen verfehlten das reale Prozessverhalten aufgrund der massiven Störungen und definierten zu konservative oder zu progressive Reglerparameter.

Der Stabilitätsüberwachung gelang es zwar, die Stabilität bei zu progressiven Reglerparametern wiederherzustellen, allerdings stieg die Gefahr deutlicherer Kraftspitzen infolge der beschränkten Regelkreisdynamik und Störungskompensation.

Um den Werkzeugschutz bei veränderlichen Prozessbedingungen und den massiven Störungseinflüssen von Spänestaus zu verbessern, ist es erforderlich, insbesondere die Störungstoleranz, Zuverlässigkeit und Kontinuität der Regelstreckenidentifikation zu steigern.

6.2 Entwicklung eines Regelungssystems mit rekursiver Reglerparameteradaption

Development of a control system with recursive controller parameter adaptation

Das Regelungssystem mit rekursiver Reglerparameteradaption unterscheidet sich von dem zuvor beschriebenen System grundlegend hinsichtlich der zur Regelstreckenidentifikation verwendeten Methode. Die in Kapitel 4.3 beschriebene Methode ermöglicht es, das Prozessverhalten am geschlossenen Regelkreis kontinuierlich zu identifizieren. Daher bleiben der Regler während der Identifikation aktiv und der Werkzeugschutz erhalten. Die Reglerparameterzuweisung erfolgt nach der in Kapitel 5 dargestellten prozessspezifischen Reglerauslegung, die bei korrekter Regelstreckenidentifikation eine optimale Regelgüte des geschlossenen Regelkreises erzeugt.

In Kapitel 4.3 ist die Funktion der rekursiven Regelstreckenidentifikation durch Simulation des geschlossenen Regelkreises beschrieben worden. Für die Anwendbarkeit der Methode am realen Tiefbohrprozess wird die simulierte Regelstrecke durch die in Bild 4-4 dargestellte Regelstrecke und eine geeignete Signalvorverarbeitung ersetzt.

Bild 6-4 zeigt die Struktur der entsprechenden Anwendung, die mit der Software LabVIEW umgesetzt wurde.

Zunächst werden die Datenerfassungs-, Regler-, Identifikations- und Stabilitätsparameter aus der Benutzeroberfläche ausgelesen und an die Anwendung übergeben. Danach starten die Schleifen zur 'Datenerfassung', 'Datenausgabe- und Simulation', 'Identifikation und Parameterzuweisung' sowie 'Datenspeicherung'. In der Datenerfassungsschleife werden die Messdaten mit einer Frequenz von 10 kHz erfasst und mit einer Frequenz von 1 kHz bei einer Paketgröße von 10 Datenpunkten pro Kanal an die anderen Schleifen weitergeleitet. Die Datenausgabe- und Simulationsschleife arbeitet mit einer Frequenz von 1 kHz. Die Anregungssignale werden um die geschätzte Totzeit versetzt und vom gemessenen Kraftsignal subtrahiert. Das resultierende Signal wird an den Regler weitergeleitet. Hinter dem Regler werden die Anregungssignale addiert, die zuvor die Umkehrfunktion der geschätzten, totzeitfreien Übertragungsfunktion durchlaufen haben. Das resultierende Signal wird an die Ausgabekarte sowie die Identifikations- und Parameterzuweisungsschleife übergeben.

Die Identifikations- und Parameterzuweisungsschleife befindet sich in der erweiterten Regelkreisstruktur aus Bild 4-8 und arbeitet mit der Identifikationsfrequenz von 8 Hz. Die Übergabe der gemessenen und der simulierten Axialkraft von 1 kHz erfolgt mit 8 Hz. Dazu werden zunächst neue Messwerte im Arbeitsspeicher gesammelt, bis eine Paketgröße von 125 Datenpunkten pro Kanal erreicht ist. Der Speicherplatz, in den die Datenpakete weitergeleitet werden, ist als Schieberegister organisiert. Sobald ein Datenpaket aus dem Arbeistsspeicher hinten an das Register angehängt wird, verlässt das vordere Datenpaket das Register, sodass stets eine aktualisierte Datenbasis vorliegt. Nach jedem Schritt wird die Datenbasis einer Filterung unterzogen. Das gemessene und das simulierte Kraftsignal werden jeweils in den Frequenzbereichen 1,5 - 2,5 Hz sowie 7 - 9 Hz Bandpass gefiltert. Dazu wird eine Besseltopologie dritter Ordnung verwendet. Zu Beginn der Filterung erfolgt ein Einschwingvorgang, der nicht zur Identifikation des Prozessverhaltens verwendet werden kann und daher entfernt werden muss.

Die rekursiven Identifikationsalgorithmen aus Tabelle 4-6 erfordern die Kenntnis des Amplitudenverhältnisses und des Zeitversatzes zwischen den gefilterten simulierten und den gefilterten gemessenen Kraftsignalen beider Anregungsfrequenzen, Bild 4-13. Zur Identifikation wird jeweils nur eine Periodendauer verwendet, um das Prozessverhalten möglichst aktuell abzubilden. Bei dem 2 Hz-Signalpaar werden daher die letzten 4 Datenpakete analysiert, beim 8 Hz-Signalpaar lediglich das zuletzt erhaltene Datenpaket. Die Amplitude ergibt sich aus der Betragsmitte zwischen Spitzen- und Talwert der entsprechenden Sinuswelle. Der Zeitversatz Δt_{8Hz} zwischen den Signalen des 8 Hz-Signalpaars wird anhand der Nulldurchgänge ermittelt.

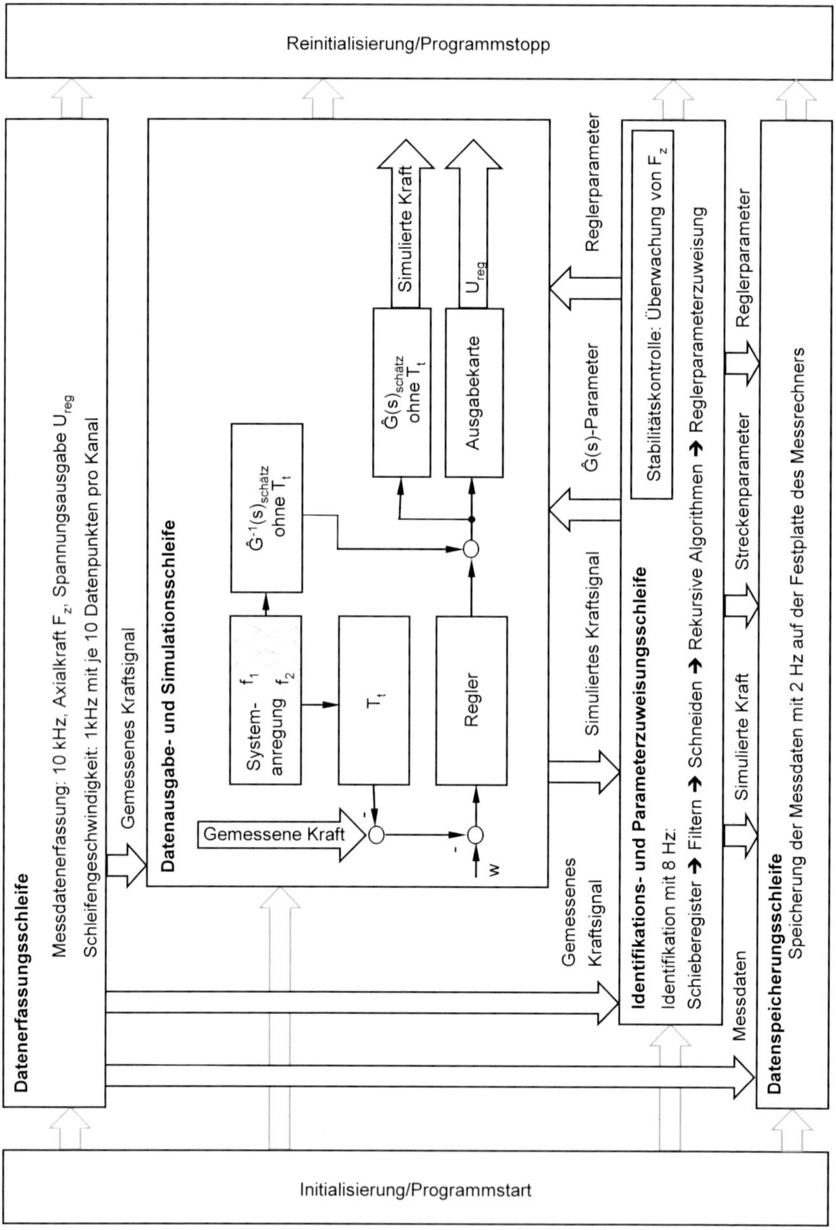

Bild 6-4: Struktur der Regelungsanwendung mit direkter Reglerparameteradaption
Structure of the control application including a direct controller parameter adaptation

Die Amplitudenverhältnisse und der Zeitversatz Δt_{8Hz} werden in die Rekursionsformeln eingesetzt und liefern ein rasch gegen das reale Prozessverhalten konvergierendes Modell der Regelstrecke. Anhand der eigenen Reglerauslegung aus Tabelle 5-5 werden optimale Reglerparameter berechnet. Die Regelstrecken- und Reglerparameter werden an die Datenausgabe- und Simulationsschleife gesendet und zur Regelung und Simulation genutzt.

Um eine nachträgliche Analyse aller relevanten Daten zu ermöglichen, werden sie während der Regelung mit einer Frequenz von 2 Hz an die Speicherschleife übertragen. Nach der Fertigstellung der Bohrung werden die Schleifen beendet und die Anwendung reinitialisiert.

Die systemtheoretischen Ausführungen setzen voraus, dass die Regelung stabil arbeitet und die Grenzen der Spannungsausgabe U_{reg} nicht überschritten werden. Sollten deren Grenzen durch Störungskompensation erreicht werden, findet keine periodische Anregung der Regelstrecke mehr statt. Aus dem Versuch, eine Systemantwort ohne entsprechende Anregung auszuwerten, folgt zwangsläufig eine falsche Identifikation. Daher werden Sicherheitsmaßnahmen getroffen, die solche Systemzustände erkennen und die Folgen einschränken:

a) Die zulässigen Werte der Amplitudenverhältnisse, die an die rekursiven Identifikationsalgorithmen weitergeleitet werden, sind begrenzt. Sollte ein unrealistisches Amplitudenverhältnis infolge einer Prozessstörung auftreten, wird es in dem entsprechenden Rekursionsschritt nicht berücksichtigt.

b) Sollte der Regelungsprozess trotz der robusten Reglerauslegung instabil werden, werden der Proportionalfaktor $K_{s\hat{G}}$ und die Verzögerungszeit $T_{s\hat{G}}$ schrittweise verkleinert und die Totzeit $T_{t\hat{G}}$ konstant gehalten, sodass konservativere Reglerparameter entstehen, Formeln (5.5) und (5.7). Dadurch entsteht zwar kurzfristig ein Modellfehler des geschätzten Prozessverhaltens, allerdings besitzt die Wiederherstellung eines stabilen Regelungszustands eine höhere Priorität.

Versuchsbeschreibung:

Um den Vergleich der Systeme zu erleichtern, werden die Versuche mit den gleichen Prozess-, Werkzeug- und Startparametern aus Tabelle 6-1 durchgeführt. Lediglich die Anregungsparameter unterscheiden sich systembedingt dadurch, dass anstelle einer sprungförmigen Anregung zwei harmonische Schwingungen verwendet werden, die im Kraftsignal eine Systemantwort von +/- 0,25 N hervorrufen. Die hiervon ausgehende Prozessstörung erscheint angesichts des Werkzeugs vom Durchmesser 2 mm technologisch vertretbar. Die Stellgröße U_{reg} wird aufgrund der Vergleichbarkeit auf 8 V begrenzt. Nach 8 s Anbohrzeit beginnt die kontinuierliche Reglerparameteradaption, bis die Bohrungslänge L_B = 55 mm erreicht ist. Der Sollwert der Axialkraft beträgt ebenfalls 34 N, sodass sich aus den provozierten Spänestaus ein eindeutiger Schutzbedarf für das Werkzeug ergibt. Die Versuche sollen zeigen, inwiefern es dem adaptiven Regelungssystem mit rekursiver Reglerparameteradaption gelingt, die technologisch erforderliche Dynamik und Störungstoleranz aufzubringen.

Vor der Beurteilung der Regel- und Stellgrößensignale wird zunächst ein wesentlicher Nachweis für die Systemfunktion erbracht. Für die Entwicklung der rekursiven Identifikationsalgorithmen wurde die Reglerausgabe zu Null definiert, Bild 4-13. Im realen Prozess erfolgt jedoch eine Durchmischung der Systemanregung mit der Störungskompensation des Bohrprozesses durch den Regler. Bild 6-5 zeigt, dass die Systemantwort auf die Anregungsfrequenzen von 2 Hz und 8 Hz aufgrund der engen Bandpassfilterung auch im Axialkraftsignal des realen Prozesses einwandfrei identifizierbar ist.

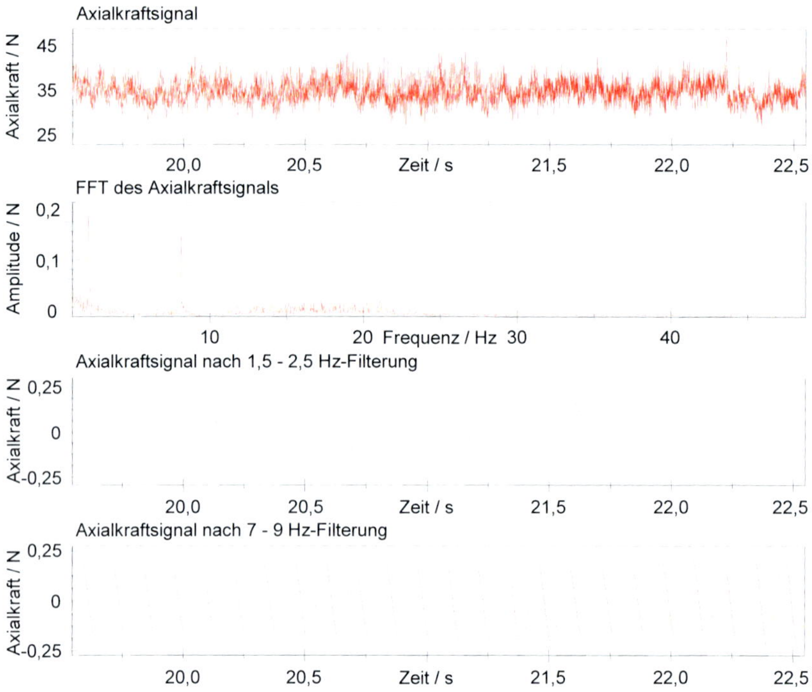

Bild 6-5: Nachweis der Systemantwort bei gleichzeitiger Störungskompensation
Evidence for the system's feedback at simultaneous disturbance reaction

Die FFT bestätigt die Dominanz der beiden Anregungsfrequenzen im Axialkraftsignal des realen Prozesses. Daher sind die systemtheoretischen Annahmen auch bei Störungskompensation durch den aktiven Regler gültig.

Beurteilung der Regel- und Stellgrößensignale:

Die technologische Beurteilung des adaptiven Regelungssystems mit direkter Reglerparameteradaption hat gezeigt, dass die Störungstoleranz, Zuverlässigkeit und Kontinuität der Regelstreckenidentifikation entscheidend dazu beitragen, den Werkzeugschutz zu verbessern. Daher muss die Qualität der rekursiven Identifikation in den Vordergrund der Untersuchungen gestellt werden.

Bild 6-6 zeigt exemplarisch ein gemessenes Axialkraft- und Stellgrößensignal des adaptiven Regelungssystems mit rekursiver Reglerparameteradaption in 100Cr6.

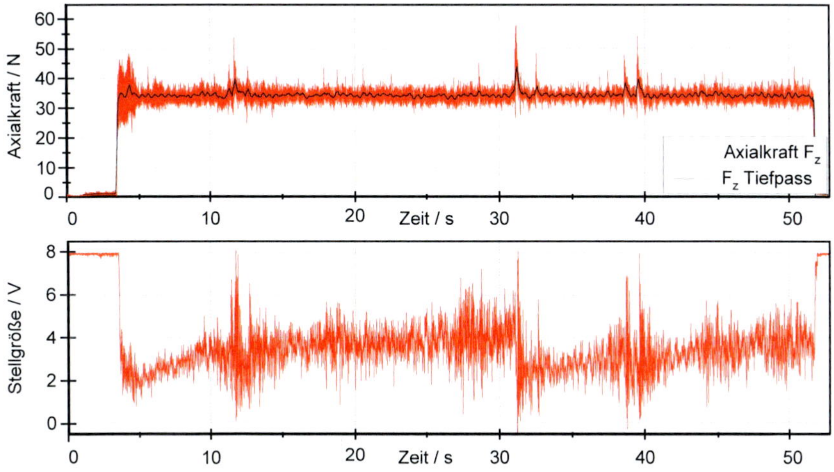

Bild 6-6: Adaptive Regelung mit rekursiver Reglerparameteradaption
Adaptive control including a recursive controller parameter adaptation

Es wird deutlich, dass die für den Prozess typische Dynamik während der Anbohrphase trotz des zügigen Anschnitts auf ein unkritisches Maß reduziert wird. Im Vergleich zu dem System mit direkter Reglerparameteradaption in Bild 6-3, gelingt es dem rekursiven System in Bild 6-6 deutlich besser, die Intensität von Kraftspitzen infolge der Spänestaus zu reduzieren. Die zu erwartende Dynamik des Stellgrößensignals U_{reg} bleibt aufgrund der hohen Störungstoleranz und Zuverlässigkeit der Identifikation bei der Störungskompensation erhalten.

Die Systemantwort auf die periodische Anregung ist im Kraftsignal angesichts der natürlichen Prozessdynamik kaum zu erkennnen, sodass daraus keine wesentliche Zusatzbelastung für den Bohrer hervorgeht. Lediglich im tiefpassgefilteren Axialkraftsignal ist eine geringfügige Prozessstörung infolge der Anregung nachweisbar.

Während der Spänestaus wird die Adaption aufgrund offensichtlich unrealistischer Amplitudenverhältnisse unterbrochen, sodass es der massiven Prozessstörung nicht gelingt, das Identifikationsergebnis zu verfälschen und ungeeignete Reglerparameter herbeizuführen. Infolge dessen bleibt die optimale Regelgüte erhalten und der Regler reagiert weiterhin schnell und gezielt auf die Sollwertüberschreitung.

Bild 6-6 zeigt im Gegensatz zu Bild 6-3 weder ein durch Instabilität noch ein durch mangelnde Dynamik gekennzeichnetes Systemverhalten. Durch die implementierten Sicherheitsmaßnahmen werden die Reglerparameter schrittweise konservativer gewählt, sodass die Regelkreisdynamik nicht abrupt zusammenbricht und Störungseinflüsse besser kompensiert werden.

In Bild 6-7 ist für den entsprechenden Versuch die Anpassung des Regelstreckenmodells durch die rekursive Identifikation dargestellt. Zum direkten Vergleich befinden sich in den Diagrammen auch konstante Regelstreckenparameter. Falls auf die Identifikation des aktuellen Prozessverhaltens verzichtet würde, müssten diese Parameter unter den gegebenen Versuchsbedingungen zur Abschätzung des Streckenmodells verwendet werden, um die Systemstabilität entlang der gesamten Bohrung zu gewährleisten.

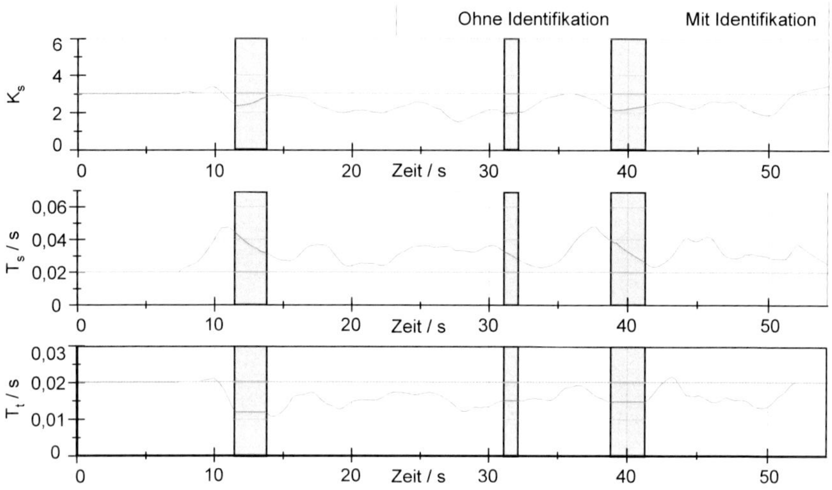

Bild 6-7: Zeitlicher Verlauf der Regelstreckenparameter
Chronological sequence of the plant parameters

Die Identifikationsergebnisse zeigen, dass die Streckenparameter K_s, T_s und T_t in weiten Bereichen vom ungünstigsten Fall abweichen und veranschaulichen das Potenzial der Parameteradaption entlang des Bohrwegs. Die grau hinterlegten Bereiche zeigen die Auswirkungen der implementierten Sicherheitsmaßnahmen. Ferner ist ersichtlich, dass sämtliche Identifikationsergebnisse innerhalb des zulässigen Parameterraums aus Tabelle 4-2 liegen, sodass die rekursiven Identifikationsalgorithmen und die eigene Reglerauslegung Gültigkeit besitzen.

Bild 6-8 zeigt analog die Verläufe der Reglerparameter, die unmittelbar aus dem Regelstreckenverhalten und den Formeln (5.5) und (5.7) zur Reglerauslegung folgen. Aufgrund der rekursiven Adaption werden die Parameter in weiten Bereichen deutlich progressiver gewählt, sodass das System eine verbesserte Dynamik zur Störungskompensation erhält.

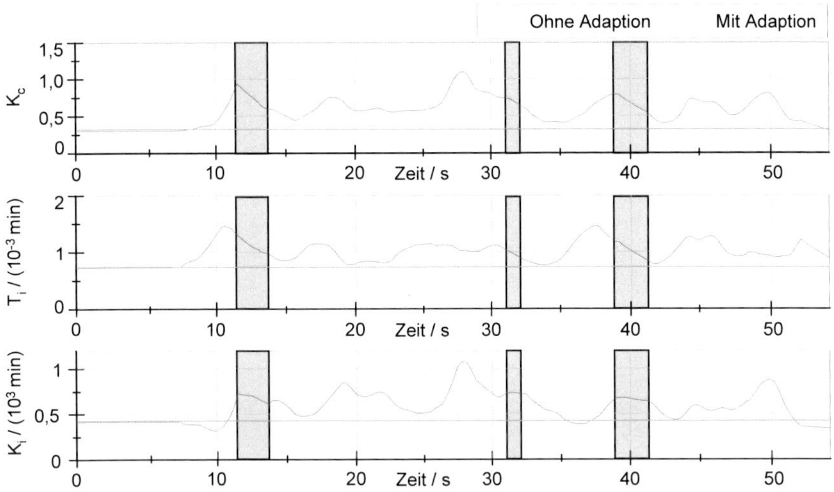

Bild 6-8: Zeitlicher Verlauf der Reglerparameter
Chronological sequence of the controller parameters

Die Ergebnisse zeigen, dass der Proportionalfaktor des Reglers K_c im Vergleich zur konstanten Parameterwahl durch die Adaption stellenweise mehr als verdoppelt wird. Die Nachstellzeit des Reglers wird grundsätzlich verlängert. Die Integrationsgeschwindigkeit des Reglers wird dennoch verbessert, da sich der Integrationsfaktor des Reglers $K_i = K_c/T_i$ stellenweise deutlich erhöht. Aufgrund der dynamischeren Reglerauslegung werden das Werkzeug im Falle einer Prozessstörung mit Axialkrafterhöhung schneller entlastet und der Werkzeugschutz verbessert.

Zwischenfazit:

Es wurde ein adaptives Regelungssystem für das Tiefbohren entwickelt, das die Reglerparameter kontinuierlich an das aktuelle Prozessverhalten anpasst. Die Untersuchungen in Kapitel 6.1 haben gezeigt, dass der optimale Schutz des Werkzeugs eine einwandfreie Funktion der Regelstreckenidentifikation am geschlossenen Regelkreis voraussetzt. Daher wurde die Methode zur rekursiven Regelstreckenidentifikation aus Kapitel 4.3 in Kombination mit der prozessspezifischen Reglerauslegung aus Kapitel 5 implementiert.

Um die Vergleichbarkeit zum System mit direkter Reglerparameteradaption aus Kapitel 6.1 zu erleichtern, wurden vergleichbare Versuchsbedingungen gewählt und massive Prozessstörungen durch Spänestaus hervorgerufen.

Die Regel- und Stellgrößensignale zeigten eine deutlich verbesserte Störungstoleranz und Zuverlässigkeit des Systems aufgrund der rekursiven Regelstreckenidentifikation und der implementierten Sicherheitsmaßnahmen. Es wurde gezeigt, dass die Intensität von Kraftspitzen bei entsprechend dynamischer Störungskompensation reduziert werden kann. Durch die Identifikationsergebnisse entlang des Bohrwegs wurden die Potenziale der progressiven Reglerparameteradaption zur Steigerung der Regelkreisdynamik und zur Gewährleistung der Systemstabilität veranschaulicht.

6.3 Entwicklung eines prädiktiven Regelungssystems mit rekursiver Reglerparameteradaption

Development of a predictive control system with recursive controller parameter adaptation

Nachdem gezeigt wurde, dass ein verlässliches Regelstreckenmodell während des Bohrens identifiziert werden kann, muss die Nutzung des Modells nicht ausschließlich auf die Reglerparameterzuweisung beschränkt bleiben. In Kapitel 2.2.4 wurde bereits das Prinzip der Prädiktion beschrieben. Der Smith-Prädiktor bietet im idealen Fall die Möglichkeit, die Reglerauslegung anhand eines totzeitfreien Modells der Regelstrecke durchzuführen und dadurch die Regelkreisdynamik bei gleichzeitiger Systemstabilität enorm zu verbessern.

Die Praxis weicht vom idealen Fall insofern ab, als dass zwar kein totzeitfreies Regelstreckenmodell implementiert werden kann, jedoch eine deutliche Reduktion der Totzeit möglich wird. Ansonsten würden die in Tabelle 5-5 genannten Reglerauslegungen einen unendlich großen Wert für den Proportionalfaktor des Reglers zuweisen.

In Bild 6-9 ist die Integration des Smith-Prädiktors in die bestehende Regelkreisstruktur aus Bild 4-8 dargestellt. Die Strategie sieht vor, von der identifizierten Totzeit T_t einen festen reduzierten Wert $T_{t,\,red}$ abzuspalten. Die Reglerauslegung erfolgt anhand des Regelstreckenmodells, das lediglich die reduzierte Totzeit $T_{t,\,red}$ aufweist. Durch das Modell entsteht in der Rückführung ein Signal, das auf der totzeitreduzierten Simulation der Regelstrecke basiert. Um Modellabweichungen und Störungen der realen Regelstrecke dennoch zu erfassen, wird die Differenz von gemessener und modellierter Regelgröße hinzuaddiert. Die vollständige Modellierung der Regelstrecke fordert im Anschluss an das totzeitreduzierte Modell, den entsprechenden Totzeitrestwert $T_{t,\,rest} = T_t - T_{t,\,red}$ zu ergänzen.

Um den konstanten Wert $T_{t,\,red}$ zu definieren, müssen Einschränkungen beachtet werden. Zum Einen darf die Reduktion nicht über den minimal in der Realität zu erwartenden Wert von T_t hinaus gehen. Dazu liefert der zulässige Parameterraum in Tabelle 4-2 mit $T_{t,\,min} = 0{,}01$ s eine obere Schranke. Zum Anderen ist bei der Implementierung zu beachten, dass der theoretisch geforderten Stellgrößenausgabe gegen unendlich ein technisches System gegenübersteht, dessen Stellgröße auf $U_{reg} = 8$ V begrenzt worden ist, um die Vergleichbarkeit zu den in Kapitel 6.1 und 6.2 dargestellten adaptiven Regelungssystemen zu ermöglichen.

Daher wird das Streuband der Stellgröße U_{reg} in Vorversuchen untersucht und die reduzierte Totzeit, ausgehend von $T_{t,\,min} = 0{,}01$ s, schrittweise verringert. Die Vorversuche haben gezeigt, dass für den Wert $T_{t,\,red} = 0{,}007$ s der verfügbare Stellgrößenbereich gut ausgenutzt wird.

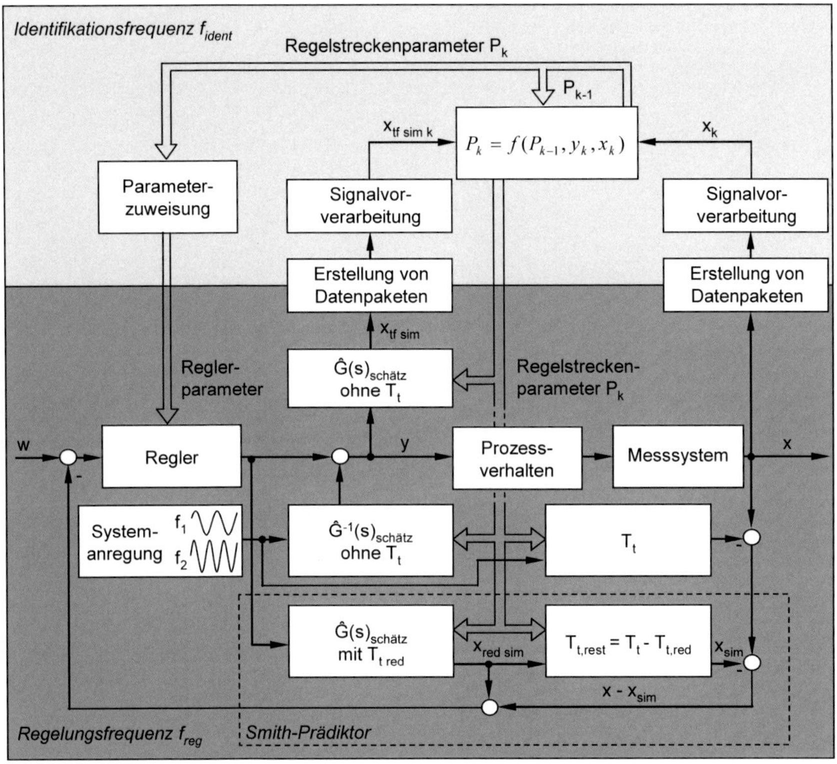

Bild 6-9: Integration des Smith-Prädiktors
Integration of the Smith Predictor

Einfluss des Smith-Prädiktors auf die Regelkreisdynamik:

Um den Einfluss des Smith-Prädiktors auf die Verläufe der Regel- und Stellgröße zu veranschaulichen, wird der geschlossene Regelkreis simuliert. Tabelle 6-3 enthält die Modellparameter, die in den adaptiven Regelungssystemen aus Kapitel 6.1 und 6.2 vor Beginn der Adaption als Startparameter gewählt wurden.

Tabelle 6-3: Modellparameter vor der Adaption ohne Smith-Prädiktor
Model parameters before the adaptation without Smith Predictor

Regelstrecke			*Regler*	
K_c	T_s / s	T_t / s	K_c	T_i / 10^{-3} min
3	0,02	0,02	0,302	0,728

Bild 6-10 zeigt die entsprechenden Verläufe von Regelgröße F_z und Stellgröße U_{reg} bei sprungförmiger Veränderung der Führungsgröße $\Delta F_{z\ soll}$ für die in Tabelle 6-3 genannten Modellparameter ohne Einsatz des Smith-Prädiktors.

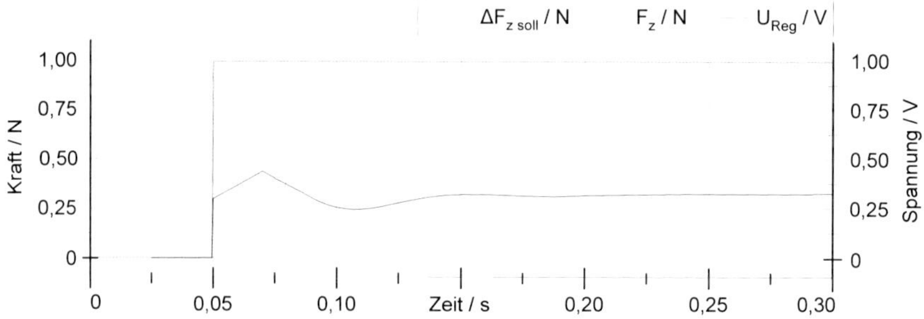

Bild 6-10: Regelverhalten bei Parametern vor der Adaption ohne Smith-Prädiktor
Control characteristics at parameters before adaptation without Smith Predictor

Wird die Totzeit durch den Einsatz des Smith-Prädiktors von $T_t = 0{,}02$ s auf $T_{t,\,red} = 0{,}007$ s verkürzt, entsteht das in Bild 6-11 dargestellte Regelverhalten, wenn die Reglerparameter aus Tabelle 6-3 beibehalten werden.

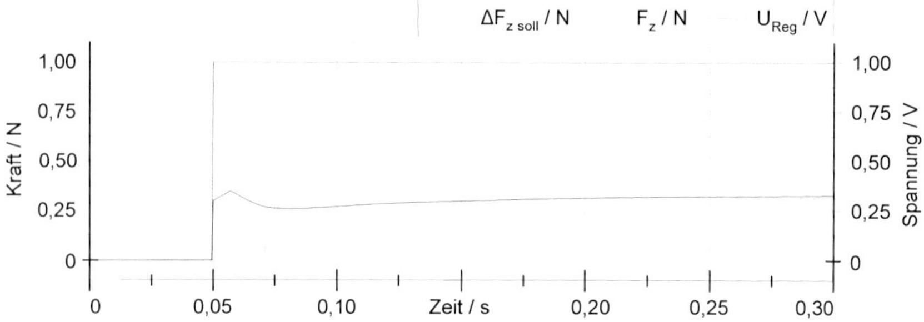

Bild 6-11: Regelverhalten bei Parametern vor der Adaption mit Smith-Prädiktor
Control characteristics at parameters before adaptation including a Smith Predictor

Der Verlauf der Regelgröße zeigt, dass der Regler beim Einsatz des Smith-Prädiktors Potenzial zu einer deutlich dynamischeren Auslegung hat, bis der optimale Regelverlauf aus Bild 5-1 erreicht wird. Erfolgt die Reglerauslegung anhand der durch den Smith-Prädiktor reduzierten Totzeit $T_{t,\,red} = 0{,}007$ s, ergeben sich deutlich progressivere Reglerparameter, Tabelle 6-4.

Tabelle 6-4: Modellparameter vor der Adaption mit Smith-Prädiktor
Model parameters before the adaptation including a Smith Predictor

Regelstrecke			*Regler*	
K_c	T_s / s	$T_{t\,red}$ / s	K_c	T_i / 10^{-3} min
3	0,02	0,02	0,583	0,609

Bild 6-12 zeigt das Regelverhalten mit Smith-Prädiktor und den entsprechenden Reglerparametern für $T_{t,\,red}$ = 0,007 s.

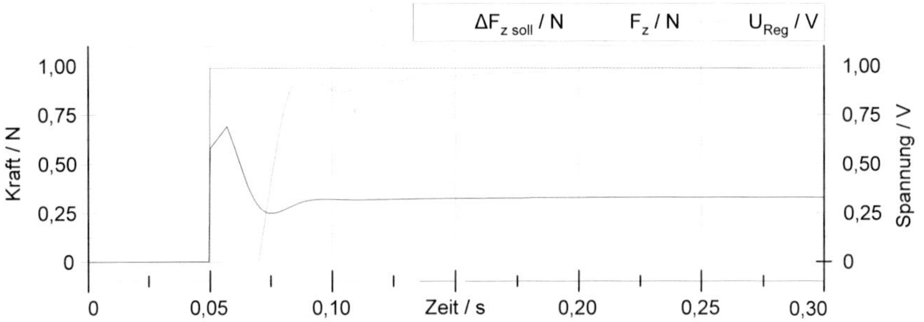

Bild 6-12: Regelverhalten bei adaptierten Parametern mit Smith-Prädiktor
Control characteristics at adapted parameters including a Smith Predictor

Der Vergleich von Bild 6-10 und Bild 6-12 zeigt, dass die quadratische Regelfläche durch den Smith-Prädiktor bei einer reduzierten Totzeit von $T_{t,\,red}$ = 0,007 s um 18% reduziert werden kann, ohne ein Überschwingen der Regelgröße zu verursachen.

Die Simulationsergebnisse deuten darauf hin, dass durch die Implementierung des Smith-Prädiktors eine noch schnellere Reaktion auf drohende Überlastsituationen zu erwarten ist. Daher werden die Eigenschaften des prädiktiven Regelungssystems mit rekursiver Reglerparameteradaption experimentell untersucht. Um einen Vergleich zum rekursiven System ohne Prädiktion zu erleichtern, werden die Versuchsbedingungen analog zu Kapitel 6.2 gewählt.

Berurteilung der Regel- und Stellgrößensignale:

Die technologische Eignung, Zuverlässigkeit und Störungstoleranz der rekursiven Reglerparameteradaption wurde bereits in Kapitel 6.2 dargestellt. Diese Eigenschaften sind aufgrund der funktionalen Übereinstimmung auf das prädiktive System übertragbar. Durch die Integration des Smith-Prädiktors, Bild 6-9, verbessert sich jedoch die Regelkreisdynamik, sodass die entsprechenden Auswirkungen auf den Prozess beurteilt werden müssen.

Beim System ohne Prädiktion konnten in Bild 6-6 noch einzelne Kraftspitzen aufgrund von Spänestaus beobachtet werden. Bild 6-13 zeigt exemplarisch ein gemessenes Axialkraft- und Stellgrößensignal des prädiktiven Regelungssystems mit rekursiver Reglerparameteradaption in 100Cr6. Obwohl die Sollwertvorgabe $F_{z\,soll}$ = 34 N beider Systeme identisch ist, sind beim Einsatz des prädiktiven Systems keine signifikanten Kraftspitzen aufgrund von Spänestaus zu beobachten.

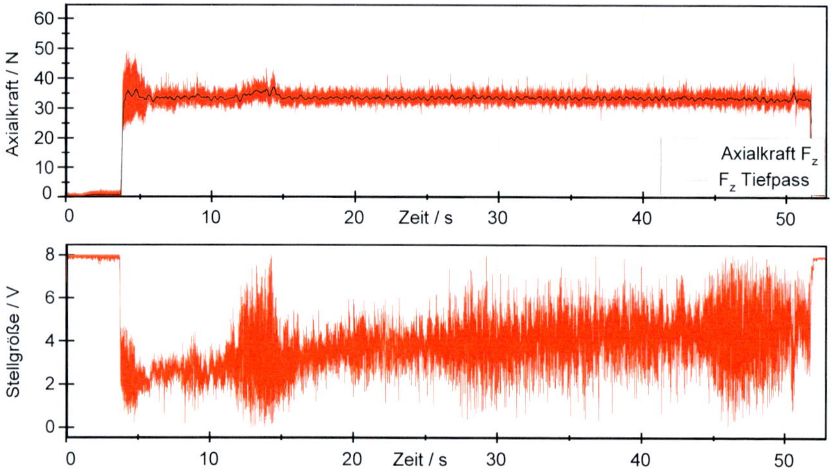

Bild 6-13: Prädiktive Regelung mit rekursiver Reglerparameteradaption in 100Cr6

Predictive control including a recursive controller parameter adaptation in 100Cr6

Der Vergleich der Stellgrößensignale beider Systeme zeigt, dass die Dynamik aufgrund der Prädiktion deutlich verbessert wird. Beim prädiktiven System mit einer reduzierten Totzeit von $T_{t\,red} = 0{,}007$ s wird der verfügbare Ausgabebereich zwischen 0 V und 8 V vollständig genutzt, sodass die maximale Regelkreisdynamik erreicht wird. Trotz der progressiven Reglerparametrierung bleibt die Stabilität der Regelung während des gesamten Prozesses erhalten.

Die Beobachtungen zeigen, dass Störungen aufgrund der durch Prädiktion verbesserten Regelkreisdynamik deutlich schneller kompensiert werden, sodass sich keine signifikanten Kraftspitzen ausbilden. Die Intensität der durch Spänestaus verursachten Störungen wird durch die hohe Regelkreisdynamik und -stabilität reduziert, sodass deutlich weniger Späne zwischen Bohrungswand und Spannut auflaufen und zu einem festen Pfropfen komprimiert werden. Infolge der geringeren mechanischen Verfestigung gelingt es dem ansteigenden Kühlschmierstoffdruck schneller, den Spänestau zu lösen und den Pfropfen herauszuspülen.

6.4 Zusammenfassung
Summary

Erstmals sind adaptive Regelungssysteme für das Tiefbohren entwickelt worden, denen es trotz der massiven Störungen aufgrund von Spänestaus gelingt, die Axialkraft bei veränderlichen Prozessbedingungen auf einen vorgegebenen Wert zu regeln. Eine besondere Herausforderung bestand darin, durch Spänestaus hervorgerufene Kraftspitzen möglichst vollständig zu kompensieren.

Hierzu sind drei adaptive Regelungssysteme entwickelt, eingesetzt und hinsichtlich ihrer technologischen Eignung beurteilt worden. In allen Systemen wurde die eigene, prozessspezifische Reglerauslegung angewendet, die in Kapitel 5 beschrieben wurde. Die Unterschiede zwischen den Systemen bestehen in den jeweils eingesetzten Methoden zur Regelstreckenidentifikation, Kapitel 4.2 und 4.3, sowie in der Anwendung der Prädiktion zur weiteren Verbesserung der dynamischen Systemeigenschaften.

Aufgrund der modellbasierten Reglerauslegung ergeben sich für die Regelstreckenidentifikation hohe Ansprüche an die Störungstoleranz und Zuverlässigkeit der verwendeten Methoden. Fehlerhafte oder ausbleibende Identifikationsergebnisse gefährden in direkter Folge die Dynamik und Stabilität des Regelungssystems, sodass ein unzureichender Werkzeugschutz entsteht. Um zu untersuchen, inwiefern es den Systemen gelingt, die zur Kompensation von Kraftspitzen erforderliche Dynamik und Störungstoleranz aufzubringen, wurden bei vergleichbaren Prozessbedingungen Spänestaus provoziert. Anhand von Regel- und Stellgrößensignalen wurden die Systemeigenschaften und -auswirkungen auf die Technologie untersucht und folgende Erkenntnisse gewonnen:

- Das System mit direkter Reglerparameteradaption zeigt eindeutige Defizite hinsichtlich Störungstoleranz, Zuverlässigkeit und Kontinuität. Ausbleibende oder fehlerhafte Regelstreckenidentifikationen führen zu ungeeigneten Reglerparametern, Systeminstabilität und mangelhafter Dynamik. Daher gelingt es dem System nur bedingt, die Störungen aufgrund der Spänestaus zu kompensieren, sodass zahlreiche Kraftspitzen entstehen.
- Das System mit rekursiver Reglerparameteradaption zeigt eine hervorragende Störungstoleranz und Zuverlässigkeit. Aufgrund der kontinuierlichen Regelstreckenidentifikation am geschlossenen Regelkreis bleibt eine hohe Dynamik zur Störungskompensation erhalten, sodass die Intensität von Kraftspitzen reduziert wird.
- Das System mit prädiktiver Reglerparameteradaption kombiniert die Vorzüge der rekursiven Reglerparameteradaption mit maximaler Regelkreisdynamik bei gleichzeitiger Stabilität. Die schnelle und gezielte Störungskompensation führt dazu, dass keine signifikanten Kraftspitzen entstehen.

Die Zusammenstellung von Axialkraft- und Stellgrößensignalen der entwickelten Systeme zeigt in Bild 6-14, dass durch adaptive Regelungssysteme Prozesstörungen kompensiert und Kraftspitzen reduziert werden können, sofern das System die erforderliche Dynamik und Stabilität aufweist.

Abschließend ist ein Konzept zur Störungsprävention aufgrund von Spänestaus zu entwickeln. Um die Parameter präventiv, d.h. bereits bevor es zu Spänestaus kommt, anpassen zu können, muss die Zuverlässigkeit des Spanabtransports erfasst und beurteilt werden. Die dazu erforderlichen, messtechnischen Voraussetzungen werden im folgenden Kapitel geschaffen, indem ein System zur Messung der Spanfrequenz bei kleinen Werkzeugdurchmessern entwickelt und experimentell untersucht wird.

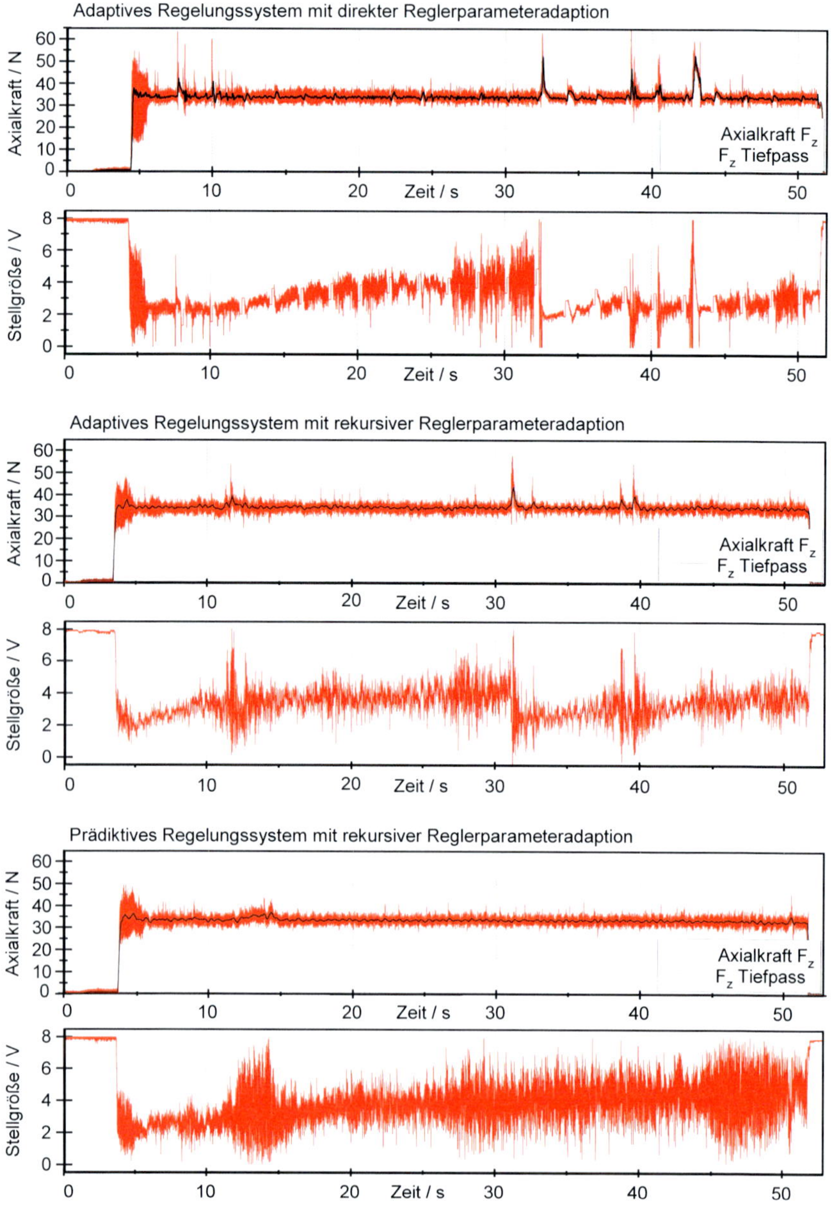

Bild 6-14: Störungskompensation und Reduktion von Kraftspitzen durch adaptive Regelungssysteme

Disturbance compensation and reduction of force peaks by adaptive control systems

7. Messung der Spanfrequenz beim Tiefbohren mit Einlippenbohrern kleiner Durchmesser

Measurement of the chip frequency in small diameter gun drilling

Die Messung der Spanfrequenz stellt beim Tiefbohren mit Einlippenbohrern kleiner Durchmesser hohe Anforderungen an die Dynamik und die Sensitivität der einzusetzenden Messtechnik. In Kapitel 7.1 werden der Aufbau einer geeigneten Messvorrichtung und einer entsprechenden Signalverarbeitung beschrieben. Da Spanbruch und Spanabtransport auch bei konstanten Prozessparametern Schwankungen unterliegen, ist die Spanfrequenz eine statistisch verteilte Messgröße. Die Häufigkeitsverteilung der Spanfrequenz beinhaltet Informationen über die Reproduzierbarkeit von Spanbruch und Spanabtransport, sodass sie zur störungspräventiven Beurteilung des Spanabtransports geeignet erscheint. Darauf aufbauend wird in Kapitel 7.2 ein Konzept zur Störungsprävention aufgrund von Spänestaus erläutert. Das Konzept sieht vor, die Funktion des Spanabtransports präventiv, d.h. bevor Spänestaus entstehen, zu beurteilen und zu beeinflussen. Maßnahmen zur präventiven Beeinflussung des Spanatransports sind innerhalb des Konzepts den Stellgrößen vorbehalten, die im aktuellen Produktionsumfeld verfügbar sind.

7.1 Aufbau, Signalverarbeitung und Interpretation der Messergebnisse

Setup, signal conditioning and interpretation of measurement results

In Bild 2-7 wurde bereits der Aufbau einer Messvorrichtung zur Erfassung des Spanabtransports gezeigt, die im Forschungsumfeld bei Bohrerdurchmessern größer 5 mm erfolgreich zur Messung der Spanfrequenz eingesetz wird [Wein00], [Löbb03]. Beim Tiefbohren kleinerer Durchmesser stehen der Erfassung kleiner Spanmassen eine begrenzte Sensitivität und ein erheblicher Rauschanteil aufgrund des prasselnden Kühlschmierstoffs entgegen. Ohne eine geeignete Signalverarbeitung ist es nicht möglich, die technologisch erforderliche Signalqualität zu erzeugen und eine eindeutige Trennung zwischen Spanimpulsen und Signalspitzen des Rauschens vorzunehmen.

Der Aufbau und die Funktion der entwickelten Vorrichtung zur Messung der Spanfrequenz beim Tiefbohren mit Einlippenbohrern kleiner Durchmesser sind in Bild 7-1 dargestellt. Das Späne-KSS-Gemisch tritt mit hoher Geschwindigkeit hinter der Bohrbuchse aus. Durch die Rotation des Werkzeugs weitet sich der mit der Spannut umlaufende Strahl infolge der Zentrifugalkraft radial auf und trifft nach freiem Flug auf die Prallplatte. Im Zentrum der Prallplatte befindet sich ein Loch zur Durchführung des Bohrers, sodass dieser rotieren kann, ohne die Prallplatte zu berühren. Um die Späne nach einmaligem Auftreffen nach außen abzuführen, besitzt die Prallplatte in der Schnittansicht eine Parabelform. So wird verhindert, dass derselbe Span vom umlaufenden KSS-Strahl bei einer der folgenden Werkzeugumdrehungen erfasst und erneut auf die Prallplatte beschleunigt wird.

Da die Prallplatte hinter der Bohrbuchse angeordnet ist, erhöht sich die Verlustlänge des Bohrers um wenige Millimeter. Der Abstand ist erforderlich, damit die Zentrifugalkraft den Strahl hinreichend weit vom Zentrum auslenkt und keine Späne den radialen Spalt zwischen Werkzeug und Prallplatte passieren. Für das im Bild 7-1 enthaltene Foto wurde die Prallplatte in die Mitte des Spänekastens verschoben.

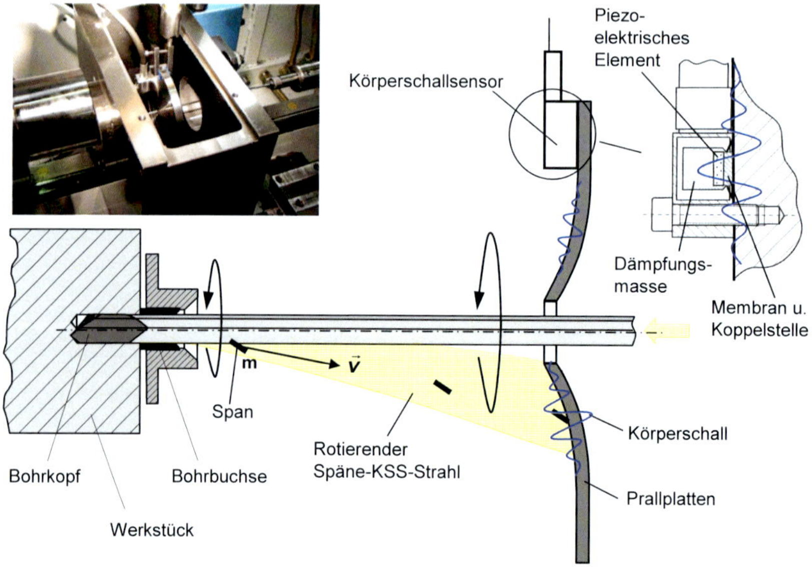

Bild 7-1: Aufbau und Funktion der Messvorrichtung
Setup and function of the measurement device

Das Späne-KSS-Gemisch überträgt einen Teil seiner kinetischen Energie auf die Prallplatte und erzeugt Körperschall. Der Körperschall breitet sich als gedämpfte Oberflächenwelle aus und erreicht die Koppelstelle des entsprechenden Sensors, der einen Teil des Körperschalls zwischen 50 und 400 kHz in ein elektrisches Signal wandelt. Bild 7-2 zeigt die Messkette zur Datenerfassung.

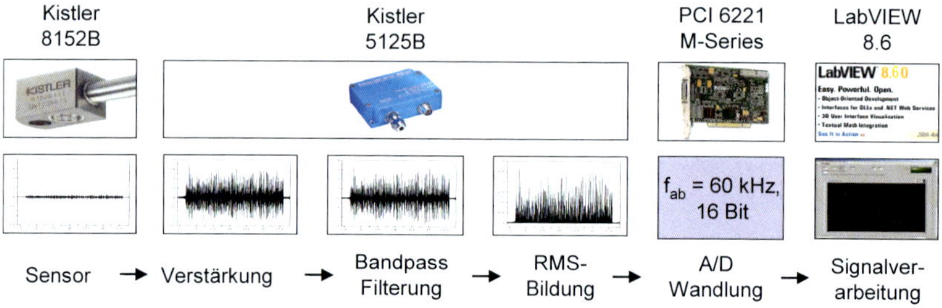

Bild 7-2: Komponenten der Messkette
Components of the measurement chain

Die Ladungsverschiebung wird proportional in ein Spannungssignal gewandelt, verstärkt und Bandpass gefiltert. Um die Signalqualität zu verbessern, wurde das Frequenzspektrum des Rauschanteils in Vorversuchen untersucht. Die Ergebnisse haben gezeigt, dass der Rauschanteil des Signals deutlich reduziert wird, wenn Frequenzen unterhalb von

150 kHz herausgefiltert werden. Daher werden der Hochpass auf 200 kHz und der Tiefpass auf 400 kHz ausgelegt. Um die impulsförmige Energie des Körperschalls darzustellen, wird der gleitende Effektivwert der Messpannung U_{rms} gebildet. Aufgrund der kurzen Kontaktdauer von Span und Prallplatte wird die Integrationszeitkonstante $T_{rms} = 1{,}2 \cdot 10^{-3}$ s gewählt:

$$U_{rms} = \sqrt{\frac{1}{T_{rms}} \int_{t_0}^{t_0+T_{rms}} u(t)^2 \, dt} \, . \tag{7.1}$$

Das analoge U_{rms}-Signal wird mit 60 kHz vergleichsweise hoch abgetastet, sodass dessen Amplitude trotz der kurzen Impulsdauer möglichst unverfälscht erhalten bleibt. Die Digitalisierung erfolgt mit einer Auflösung von 16 Bit.

Die Aufgabe der anschließenden Signalverarbeitung besteht darin, eine Differenzierung zwischen dem Nutz- und Rauschanteil des Signals zu ermöglichen. Der Nutzanteil besteht aus Körperschallimpulsen, die durch auftreffende Späne verursacht werden. Trotz der Bandpassfilterung und der gleitenden Effektivwertgleichrichtung beinhaltet das Signal einen zeitlich veränderlichen Rauschanteil, der auf den prasselnden Kühlschmierstoff, den Zerspanprozess und weitere Einflüsse zurückzuführen ist. Bild 7-3 zeigt einen Signalausschnitt des U_{rms}-Signals, das eine Vielzahl von Spanimpulsen enthält. Das Signalniveau variiert über den dargestellten Zeitbereich, sodass die Definition eines Grenzwerts für den Rauschanteil und die genaue Bestimmung der Impulshöhe erschwert werden.

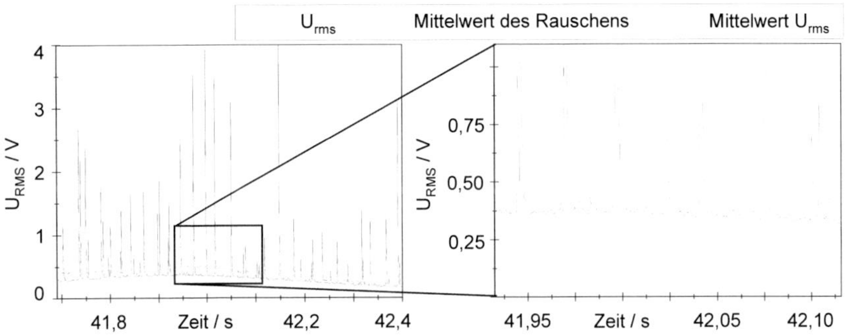

Bild 7-3: U_{rms}-Signalausschnitte mit Spanimpulsen
Extracts of the U_{rms}-Signal with chip impulses

Die Vergrößerung im rechten Bildteil zeigt, dass eine gleitende Mittelwertbildung nicht zur Korrektur des Signalniveaus geeignet ist, da der Mittelwert auch die Spanimpulse berücksichtigt. Lediglich der Mittelwert des Rauschens erscheint zunächst als Korrekturverlauf geeignet. Es kommt hinzu, dass die Breite des Rauschens von einer Vielzahl von Faktoren beeinflusst wird, sodass der Grenzwert zwischen Nutzsignal und Rauschen nicht durch äquidistante Verschiebung des Mittelwerts des Rauschens definiert werden kann. Um eine aufwendige Modellierung des Rauschens zu umgehen, wird ein zeitdiskreter Algorithmus verwendet, der eine eindeutige Differenzierung zwischen Nutzsignal und Rauschen ermöglicht.

Bild 7-4 veranschaulicht die Funktion des Algorithmus. Das Signalfenster wird so kurz gewählt, dass es nur wenige Spanimpulse enthalten kann. Innerhalb des kurzen Zeitfensters können der Grenzwert zwischen Nutzsignal und Rauschen sowie der Mittelwert des Rauschens als konstant betrachtet werden. Im rechten Bildteil ist eine Häufigkeitsverteilung der Spannungswerte innerhalb des Signalfensters dargestellt. Der Bereich des Rauschens ist durch eine große Anzahl von Spannungswerten gekennzeichnet. Insbesondere das Häufigkeitsmaximum liefert eine gute Näherung für den Mittelwert des Rauschens und bleibt, im Gegensatz zur gleitenden Mittelwertbildung, völlig unberührt von einzelnen Spanimpulsen.

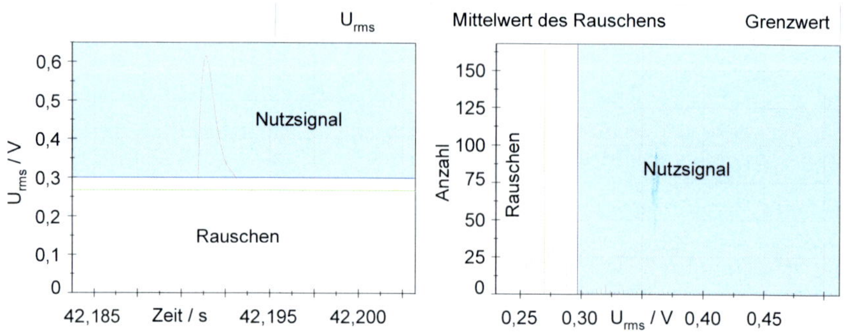

Bild 7-4: Grenzwertdefinition zwischen Nutzsignal und Rauschen
Threshold definition between the wanted signal and the noise

Um eine maximale Sensitivität zu erzielen, muss der Übergang zwischen Nutzsignal und Rauschen möglichst genau ermittelt werden, da nur Signalspitzen oberhalb des Grenzwerts als Spanimpulse gewertet werden. Signalspitzen unterhalb des Grenzwerts werden hingegen dem Rauschen zugeordnet und verworfen. Am rechten Rand fällt die Häufigkeitsverteilung stark ab, da nur noch die Flanken der Spanimpulse berücksichtigt werden. Daher kann der Grenzwert zwischen Nutzsignal und Rauschen anhand des Fußpunkts der rechten Flanke ermittelt werden. Die zeitdiskreten Grenzwerte der einzelnen Signalfenster werden im Anschluss an die Grenzwertdefinition aneinandergereiht, sodass ein Korrektursignal zur Auswertung von Spanimpulsen mit maximaler Sensitivität entsteht.

In der einschlägigen Literatur dominiert die Auswertung hinsichtlich der Spanfrequenz als Anzahl von Spanimpulsen pro Zeiteinheit [VDI3210], [Rohs77], [Baie85], [Chin87], [Wein01]. Potenziell kommen jedoch weitere Merkmale für die Auswertung in Betracht, z.B. die Impulshöhe, die Impulsdauer oder die Kombination beider Größen in Form der Impulsenergie. Die Auswertbarkeit dieser Größen würde jedoch voraussetzen, dass der Körperschallimpuls zum mechanischen Impuls, den der Span auf die Prallplatte überträgt, korrelierbar wäre.

Körperschallwellen werden entlang des Signallaufwegs gedämpft. Daher beeinflusst die Distanz zwischen Aufprallort und Sensor die Energie des gemessenen Körperschallimpulses. Um den Dämpfungseinfluss innerhalb der Prallplatte zu untersuchen, wird eine Bleistiftmine auf der Oberfläche der Prallplatte gebrochen. Länge, Durchmesser, Härte und Auskraglänge der Mine sind für den Nielsen-Test zur Kalibrierung von Körperschallsensoren genau definiert [ASTM05], sodass aus dem Bruch der Mine eine weitgehend reproduzierbare, breitbandige Strukturanregung hervorgeht, Bild 7-5.

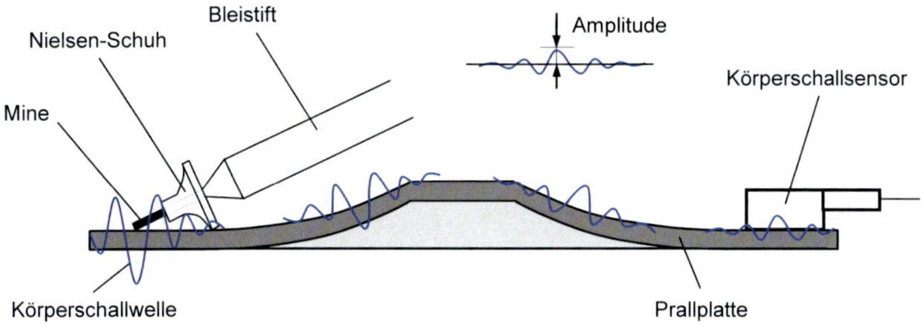

Bild 7-5: Prinzip der Anregung im Nielsen-Test
Stimulation principle of the Nielsen Test

Da bei der Untersuchung der Dämpfung die weitere Signalverarbeitung berücksichtigt werden soll, wird die Impulshöhe im U_{rms}-Signal ausgewertet. Insofern weicht die Analyse der Systemantwort bewusst von der im Nielsen-Test vorgeschriebenen Analyse des Rohsignals zur Kalibrierung von Körperschallsensoren ab.

Die Untersuchungsergebnisse zeigen, dass unmittelbar neben der Koppelstelle des Körperschallsensors etwa die doppelte Impulshöhe erreicht wird, verglichen mit der entlegensten Stelle der Prallplatte in 70 mm Entfernung, Bild 7-6.

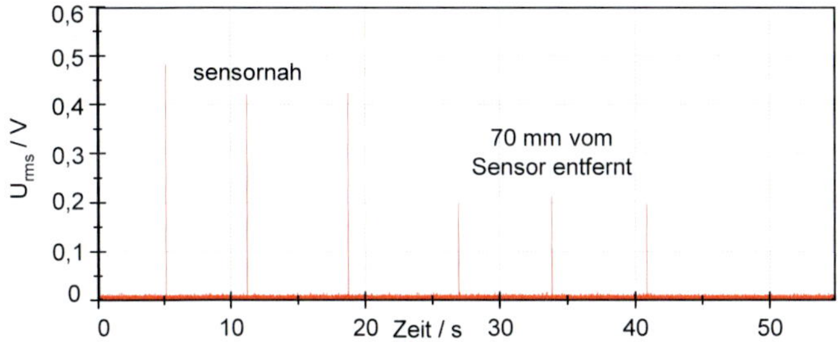

Bild 7-6: Dämpfung innerhalb der Prallplatte
Damping within the deflector

Somit ist die Position eines auftreffenden Spans bei der Interpretation der Energie des Körperschallimpulses zu berücksichtigen. Allerdings ist nicht nur die Position, sondern auch die Orientierung des Spans zum Zeitpunkt des Aufpralls relevant. Um den Einfluss der Orientierung zu untersuchen, werden Hochgeschwindigkeitsaufnahmen angefertigt, die eine Beobachtung der Aufprallbedingungen während des Prozesses ermöglichen. Tabelle 7-1 zeigt die verwendeten Parameter für die in 100Cr6 durchgeführten Tiefbohrversuche.

Tabelle 7-1: Versuchsparameter zur Messung der Spanimpulse
Test parameters for the measurement of chip impulses

Prozessparameter	v_c / (m/min)	p_{KSS} / MPa	f / µm	L_B / mm
	70	14	11	55
Werkzeugparameter	*D [mm]*	*L [mm]*	κ_r [deg]	*Führungsl.*
	2	210	30/40	Form G

Die einzelnen Bilder werden mit dem Messsignal synchronisiert, um die Aufprallbedingungen hinsichtlich der Impulsmerkmale beurteilen zu können. Bei einer Bildrate von 4000 Bildern pro Sekunde können innerhalb von 2,5 s bei den gegebenen Parametern mehr als 100 Spanaufschläge beobachtet werden, die anschauliche Erkenntnisse zur Interpretation der Körperschallimpulse liefern:

- Durch die Parabelform der Prallplatte werden die Späne beim Aufprall nach außen abgelenkt, sodass sie die Prallplatte verlassen. Dadurch ist auszuschließen, dass ein einzelner Span mehrere Spanimpulse und einen entsprechenden Messfehler hervorruft.

- Weder die Distanz zum Sensor noch die Orientierung sind beim Aufprall der einzelnen Späne reproduzierbar. Der direkte Vergleich zwischen Kamerabild und Messsignal verdeutlicht, dass die Orientierung des Spans zum Zeitpunkt des Aufpralls einen deutlichen Einfluss auf die Ausprägung des Körperschallimpulses hat.

- Die Geschwindigkeit der austretenden Späne beträgt bei den gewählten Versuchsparametern im freien Flug hinter der Bohrbuchse etwa 16 m/s.

- Etwa 96% der Spanaufschläge werden als Spanimpulse im Signal erkannt. In den übrigen Fällen rufen die ungünstige Orientierung sowie die große Distanz zum Sensor sehr kleine Impulse hervor, die im Rauschen des Signals verschwinden. Diese Beobachtung kann sowohl bei kurzen als auch bei langen Spänen gemacht werden.

Aufgrund des entscheidenden Einflusses der Aufprallbedingungen und ihrer fehlenden Reproduzierbarkeit erscheint es nicht aussichtsreich, eine direkte Korrelation von Impulshöhe oder Impulsdauer zur Spanmasse anzustreben. Stattdessen werden die Zeitabstände zwischen den Spanimpulsen ermittelt. Bild 7-7 zeigt anhand eines Signalausschnitts, dass die Zeitabstände Δt_s zwischen den Spanimpulsen variieren, sodass eine Häufigkeitsverteilung entsteht.

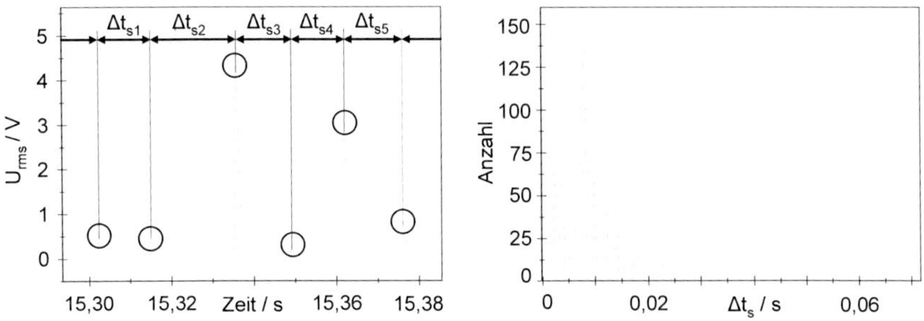

Bild 7-7: Variation der Zeitabstände Δt_s zwischen den Spanimpulsen
Variation of the time intervals Δt_s between the chip impulses

Beim Einlippenbohrer reißt zunächst der innere Span ein und bleibt am äußeren Span haften, sodass sich der für das Werkzeug charakteristische Faltspan bildet, Bild 2-5 [Fink77]. Der Spanbruch unterliegt einer natürlichen Streuung, sodass Faltspäne ähnlicher Form aber unterschiedlicher Länge entstehen, Bild 2-6. Die Häufigkeitsverteilung ist am linken Rand begrenzt und daher nicht symmetrisch. Die Begrenzung zeigt, dass für kürzere Zeitabstände keine Körperschallimpulse oberhalb des Grenzwerts zwischen Nutzsignal und Rauschen auftreten. Daraus abzuleiten, dass keine Späne in kürzeren Zeitabständen die Bohrung verlassen, ist aufgrund der durch das Rauschen begrenzten Sensitivität nicht zulässig.

Die Interpretation der Messergebnisse erfordert die Definition eines Merkmals der Häufigkeitsverteilung. In der einschlägigen Literatur werden Werte für die mittlere Spanfrequenz f_s genannt, die sich innerhalb eines Zeitintervalls Δt aus der Anzahl der Spanimpulse N ergibt:

$$f_s = \frac{N}{\Delta t}. \qquad (7.2)$$

Die Spanfrequenz ergibt sich grundsätzlich als Kehrwert eines beliebigen Zeitabstands Δt_s der in Bild 7-7 dargestellten Häufigkeitsverteilung. Daher könnte neben der mittleren sicherlich auch die häufigste Spanfrequenz für die Auswertung herangezogen werden. Die deskriptive Statistik stellt eine Fülle von Kennzahlen zur Beschreibung von Verteilungen sowie für beliebige Quantile von Verteilungen bereit, sodass die Erforschung störungspräventiver Merkmale von Häufigkeitsverteilungen nicht auf die mittlere Spanfrequenz beschränkt sein dürfte. Alternative Ansätze sind Bestandteil des Konzepts zur Störungsprävention aufgrund von Spänestaus und werden im folgenden Kapitel beschrieben.

Zwischenfazit:

Es wurden eine Messvorrichtung und eine Signalanalyse vorgestellt, um die Messgröße Spanfrequenz auch für das Tiefbohren mit Einlippenbohrern kleiner Durchmesser zu erschließen. Bislang war die Erfassung von Spanimpulsen unterhalb vom Werkzeugdurchmesser 5 mm nicht gelungen, da existierende Methoden nicht die erforderliche Signalqualität bereitstellten.

Die Messvorrichtung wird in geringem Abstand hinter der Bohrbuchse angeordnet, sodass die Verlustlänge des Werkzeugs nur um wenige Millimeter zunimmt und die Erfassung des Spanabtransports nahe der Wirkstelle erfolgt. Die Signalverarbeitung liefert eine optimale Grenzwertdefinition zwischen Nutzsignal und Rauschen, sodass eine maximale Sensitivität erreicht wird. Durch die Verwendung zeitdiskreter Algorithmen ist die Signalverarbeitung in der Lage, auf die veränderliche Signalqualitat zu reagieren und die aufwendige Modellierung des Rauschanteils zu umgehen.

Anhand von Hochgeschwindigkeitsaufnahmen konnte nachgewiesen werden, dass die Aufprallbedingungen der Späne die Ausprägung von Körperschallimpulsen massiv beeinflussen. Die mangelnde Reproduzierbarkeit von Ort und Orientierung des Spans zum Zeitpunkt des Aufpralls ließen keine direkte Korrelation zwischen Impulsausprägung und Spanmasse zu. Etwa 4% von Spänen unterschiedlicher Größe wurden aufgrund ungünstiger Aufprallbedingungen nicht erkannt.

Die Messergebnisse haben gezeigt, dass der Spanbruch einer deutlichen Streuung unterliegt, sodass Faltspäne ähnlicher Form aber unterschiedlicher Länge entstehen. Die Zeitabstände Δt_s zwischen den Spanimpulsen variieren, sodass innerhalb eines hinreichend großen Zeitintervalls Δt eine Häufigkeitsverteilung entsteht. Entsprechendes gilt für die Spanfrequenz $f_s = 1 / \Delta t_s$, sodass die störungspräventive Beurteilung des Spanabtransports an Merkmale der Häufigkeitsverteilung gebunden ist.

7.2 Konzept zur Störungsprävention aufgrund von Spänestaus
Concept for disturbance prevention induced by chip blockages

Um die neu erschlossene Prozessinformation technologisch nutzbar zu machen, wird ein Konzept zur präventiven Vermeidung von Spänestaus entwickelt. Druck und Durchfluss des Kühlschmierstoffs sind in der Lage, massive Spänestaus anzuzeigen und eine Reaktion zum Schutz des Werkzeugs einzuleiten. In Kapitel 0 wurde bereits gezeigt, dass die Auswirkungen von Spänestaus durch adaptive Regelungssysteme reduziert werden können, sofern der Regelkreis eine entsprechende Dynamik und Stabilität erreicht. Der Anspruch der Störungsprävention geht jedoch darüber hinaus. Er setzt voraus, die Zuverlässigkeit des Spanabtransports beurteilen zu können und die verfügbaren Parameter präventiv beeinflussen zu können, bevor sich ein Spänestau ereignet.

Das in Kapitel 7.1 beschriebene Messsystem bietet für diesen Ansatz beste Voraussetzungen, indem es nicht nur Spänestaus anzeigt, sondern eine Häufigkeitsverteilung der Zeitabstände zwischen den Spanimpulsen liefert. Die technologische Herausforderung besteht darin, das bislang für kleine Durchmesser unzugängliche Informationsangebot hinsichtlich Spanbruch und Spanabtransport zu interpretieren. Wenn dies gelingt, kann eine Kennzahl definiert und zur störungspräventiven Parameterveränderung genutzt werden.

Ein Nachteil für die Anwendung des Messsystems aus Kapitel 7.1 resultiert daraus, dass innerhalb des Zeitabstands Δt_s nicht zwischen der Zeit der Spanentstehung t_{se} und der Zeit des Spanabtransports t_{sa} zu differenzieren ist, da lediglich die Summe beider Zeiten erfasst wird:

$$\Delta t_s = t_{se} + t_{sa}. \quad (7.3)$$

Die Zeit des Spanabtransports t_{sa} kann aufgrund von Spänestaus nicht als konstant angenommen werden. Die Zeit der Spanentstehung t_{se} hätte anhand des bekannten Zeitspanvolumens und der bekannten Materialdichte ρ errechnet werden können, falls die Impulshöhe zur Spanmasse m korrelierbar gewesen wäre:

$$t_{se} = \frac{m}{\rho \cdot \pi \cdot \left(D/2\right)^2 \cdot v_f} . \tag{7.4}$$

Die mangelnde Reproduzierbarkeit von Ort und Orientierung der Späne zum Zeitpunkt des Aufpralls ließen jedoch keine Korrelation zwischen der Impulshöhe und der Spanmasse zu, sodass die Zeit der Spanentstehung t_{se} nicht ermittelt und zur Berechnung der Zeit des Spanabtransports t_{sa} verwendet werden kann.

Bild 7-8 zeigt Häufigkeitsverteilungen der Zeitabstände zwischen den Spanimpulsen für unterschiedliche Vorschübe f, Schnittgeschwindigkeiten v_c und KSS-Drücke p_{KSS}. Die Messergebnisse stammen aus Tiefbohrversuchen in 100Cr6 mit einer Bohrtiefe von 42 mm und wurden mit dem in Kapitel 7.1 beschriebenen Messsystem ermittelt. Die Werkzeugparameter entsprechen denen aus Tabelle 7-1.

Um die Vergleichbarkeit der Ergebnisse zu erleichtern, sind die Intervallbreite und die Skalierung der Verteilungen identisch. Da für $\Delta t_s < 0{,}010$ s keine Körperschallimpulse oberhalb des Grenzwerts zwischen Nutzsignal und Rauschen auftreten, sind die Verteilungen linksseitig begrenzt und nicht symmetrisch.

Innerhalb der Versuchsergebnisse können folgende Auswirkungen der Prozessparameter auf die Form der Verteilungen beobachtet werden:

- Mit steigendem Vorschub verschiebt sich das Häufigkeitsmaximum zu längeren Zeitabständen zwischen den Spanimpulsen. Darüber hinaus reduziert sich die Streuung, sodass die Anzahl von Spanimpulsen am rechten Rand der Verteilung für $\Delta t_s > 0{,}050$ s deutlich abnimmt.
- Mit steigender Schnittgeschwindigkeit verschiebt sich das Häufigkeitsmaximum zu kürzeren Zeitabständen zwischen den Spanimpulsen. Darüber hinaus reduziert sich die Streuung, sodass die Anzahl von Spanimpulsen am rechten Rand der Verteilung für $\Delta t_s > 0{,}050$ s ebenfalls deutlich abnimmt.
- Bei der Steigerung des KSS-Drucks von 11,2 MPa auf 14,3 MPa verschiebt sich das Häufigkeitsmaximum zunächst zu kürzeren Zeitabständen zwischen den Spanimpulsen. Ferner reduziert sich die Streuung, sodass die Anzahl von Spanimpulsen am rechten Rand der Verteilung für $\Delta t_s > 0{,}050$ s abnimmt. Bei der weiteren Steigerung auf 18,3 MPa ist keine eindeutige Verschiebung des Häufigkeitsmaximums zu beobachten. Die Streuung und die Anzahl von Spanimpulsen am rechten Rand der Verteilung nehmen sogar leicht zu.

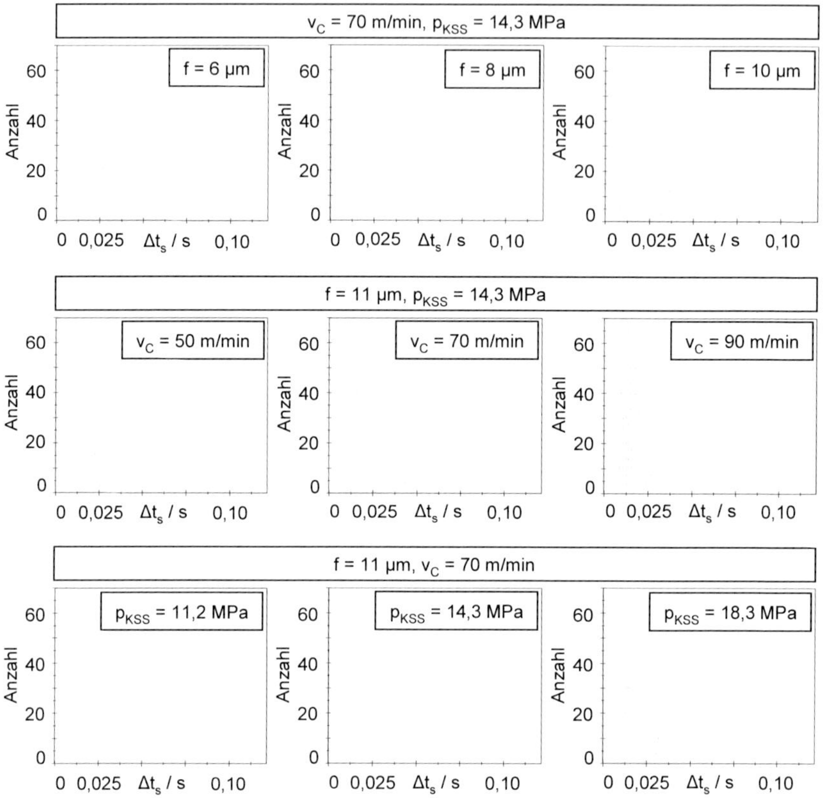

Bild 7-8: Häufigkeitsverteilungen der Zeitabstände Δt_s zwischen den Spanimpulsen
Frequency distributions of the time offsets Δt_s between the chip impulses

Bislang sind die Häufigkeitsverteilungen der Zeitabstände zwischen den Spanimpulsen nicht systematisch auf geeignete Kennzahlen zur Störungsprävention untersucht worden. Die Lage des Häufigkeitsmaximums oder des entsprechenden Mittelwerts beinhaltet unter Vorbehalt einer Differenzierung zwischen Spanentstehung und -abransport lediglich die Information, ob tendenziell große oder kleine Spanvolumina aus der Bohrung herausgespült werden. Beide Kennzahlen machen jedoch keine Aussage über die Reproduzierbarkeit des Spanbruchs und des Spanabtransports. Hierzu eignet sich insbesondere die Streuung der Verteilung, da sie ein Maß für die Regelmäßigkeit darstellt, mit der die Späne die Bohrung verlassen. Daher ist es technologisch nachvollziehbar, dass eine zur Störungsprävention geeignete Kennzahl sowohl die Lage als auch die Streuung der Verteilung berücksichtigen sollte.

Die deskriptive Statistik bietet darüber hinaus Möglichkeiten, anstelle der gesamten Verteilung lediglich ein definiertes Quantil auszuwerten und ausschließlich das Quantil durch eine geeignete Kennzahl zu beschreiben. Gerade von großen Zeitabständen Δt_s am rechten Rand der Verteilung geht ein erhöhtes Störungspotenzial aufgrund von Spänestaus aus. Daher kommt auch eine quantilbezogene Kennzahl für die Störungsprävention in Betracht.

Gegenstand des vorliegenden Kapitels ist die Entwicklung eines Konzepts zur Störungsprävention aufgrund von Spänestaus. Daher muss das Konzept nicht nur den Spanabtransport anhand einer geeigneten Kennzahl beurteilen, sondern auch Maßnahmen zur Störungsprävention einleiten. Bild 7-9 zeigt eine Auswahl von Einflussfaktoren auf den Spanabtransport. Im oberen Bildteil sind die Prozessparameter Vorschub, Schnittgeschwindigkeit und Kühlschmierstoffdruck genannt. Sie können während des Prozesses zur Beeinflussung des Spanabtransports verwendet werden. Die adaptronischen Komponenten aus Kapitel 2.2.5 kommen im derzeitigen Produktionsumfeld nur sehr begrenzt zum Einsatz, sodass die Verfügbarkeit der Stellgrößen Hubamplitude und Hubfrequenz eines Aktors nicht vorausgesetzt werden kann.

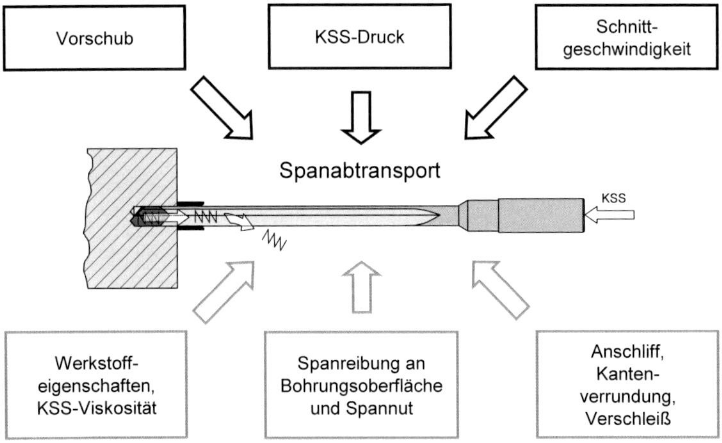

Bild 7-9: Einflussfaktoren des Spanabtransports
Influencing factors of the chip transportation

Die im unteren Teil von Bild 7-9 genannten Einflussfaktoren sind als Randbedingungen zu interpretieren, die während des Prozesses nicht direkt beeinflussbar sind. Es kommt hinzu, dass die Randbedingungen entlang des Bohrwegs Veränderungen unterliegen, sodass die Parameter entweder hinreichend robust gegenüber den Veränderungen gewählt oder einer aufwendigen Aktualisierung unterzogen werden müssen. Die einmalige, robuste Prozessauslegung erfordert jedoch Reserven, die in vielen Fällen eine reduzierte Produktivität und eine mangelhafte Werkzeugausnutzung zur Folge haben.

Wenn es gelingt, das Expertenwissen zur Beeinflussung des Spanabtransports in einem Regelungssystem zu hinterlegen, können Störungen aufgrund des Spanabtransports reduziert werden. Innerhalb eines kaskadierten Regelungsaufbaus können Führungsgrößen des inneren Regelkreises zu Stellgrößen des äußeren Regelkreises definiert werden, sodass beispielsweise der Sollwert der Axialkraft anstelle des Vorschubs als Parameter zur Beeinflussung des Spanabtransports verwendet werden kann. In Kapitel 0 wurde bereits gezeigt, dass Spänestaus durch einen erhöhten Sollwert der Axialkraft provoziert werden können. Darüber hinaus deuten erkennbare Unterschiede in den Häufigkeitsverteilungen von Bild 7-8 auf interpretierbare Einflüsse der Prozessparameter hin.

Für die Systemfunktion ist es entscheidend, dass eine gezielte Reaktion des Reglers erfolgt. Mit Hilfe eines weiteren Versuchsprogramms können zukünftig die potenziellen Stellgrößen hinsichtlich ihrer Wirkungen und Wechselwirkungen auf die Kennzahl zur Störungsprävention untersucht werden. Das Versuchsprogramm sollte eine begrenzte Anzahl von Werkstoffen und Verschleißausprägungen berücksichtigen. Bei der Modellierung kann nicht davon ausgegangen werden, dass die Einflüsse der Faktoren linear beschreibbar und Wechselwirkungen vernachlässigbar sind. Die statistische Versuchsmethodik liefert mit dem Box-Behnken-Plan die Möglichkeit, Zweifaktorwechselwirkungen zu berücksichtigen und den Versuchsaufwand im Vergleich zum vollfaktoriellen Versuchsplan deutlich zu reduzieren [Klep03], [Maye97].

7.3 ZUSAMMENFASSUNG
Summary

Um die Zuverlässigkeit des Spanabtransports beurteilen zu können, müssen geeignete Informationen bereitgestellt werden. Hierzu empfiehlt die einschlägige Literatur [VDI3210], [Rohs77], [Baie85], [Chin87], [Wein01] die Messung der Spanfrequenz, die sich aus der Anzahl aus der Bohrung herausgeförderter Späne pro Zeiteinheit ergibt. Unterhalb vom Werkzeugdurchmesser 5 mm ist die Erfassung bislang nicht gelungen, da die verwendeten Systeme nicht die erforderliche Sensitivität, Signalqualität und Dynamik aufweisen.

Im Rahmen dieser Arbeit ist es erstmals gelungen, die Erfassung von Spanimpulsen für das Einlippenbohren mit dem Werkzeugdurchmesser 2 mm zu realisieren. Dazu wurden eine Messvorrichtung entwickelt und ein Verfahren zur Signalverarbeitung vorgestellt. Die Messvorrichtung wird in geringem Abstand hinter der Bohrbuchse angeordnet, sodass die Verlustlänge des Werkzeugs nur um wenige Millimeter zunimmt und die Erfassung des Spanabtransports nahe der Wirkstelle erfolgt. Die Signalverarbeitung liefert eine optimale Grenzwertdefinition zwischen Nutzsignal und Rauschen, sodass eine maximale Sensitivität erreicht wird. Durch die Verwendung zeitdiskreter Algorithmen ist die Signalverarbeitung in der Lage, auf die veränderliche Signalqualität zu reagieren und die aufwendige Modellierung des Rauschanteils zu umgehen.

Eine Korrelation zwischen Impulshöhe und Spanmasse ist nicht gelungen, da die Ausprägung des Körperschallimpulses stark vom Aufprallort und von der Orientierung des Spans zum Zeitpunkt des Aufpralls abhängen. Anhand von Hochgeschwindigkeitsaufnahmen konnte keine Reproduzierbarkeit der Aufprallbedingungen beobachtet werden. Etwa 4% von Spänen unterschiedlicher Länge wurden aufgrund ungünstiger Aufprallbedingungen nicht erkannt.

Obwohl die Interpretation der Impulshöhe verworfen werden musste, werden die Zeitabstände Δt_s zwischen den Spanimpulsen als verwertbares Ergebnis erfasst. Allerdings unterliegen Spanbruch und Spanabtransport auch bei konstanten Prozessparametern Schwankungen, sodass eine Häufigkeitsverteilung von Δt_s zu interpretieren ist. Entsprechendes gilt für die Spanfrequenz $f_s = 1 / \Delta t_s$, sodass die störungspräventive Beurteilung des Spanabtransports an Merkmale der Häufigkeitsverteilung gebunden ist.

Abschließend wurde ein Konzept zur Störungsprävention aufgrund von Spänestaus vorgestellt, um die beim Tiefbohren mit Einlippenbohrern kleiner Durchmesser neu erschlossene Prozessinformation technologisch nutzbar zu machen. Die Interpretation der Häufigkeitsverteilung von Δt_s bietet für diesen Ansatz beste Voraussetzungen, da sie ein umfassendes Informationsangebot zur Beurteilung des Spanabtransports bereitstellt. Die technologische Herausforderung besteht darin, die Verteilung hinsichtlich der Funktion des Spanabtransport zu interpretieren. Wenn dies gelingt, kann eine Kennzahl definiert und zur störungspräventiven Parameterveränderung genutzt werden.

Bislang sind die Häufigkeitsverteilungen der Zeitabstände zwischen den Spanimpulsen nicht systematisch auf geeignete Kennzahlen zur Störungsprävention untersucht worden. Allerdings wurde gezeigt, dass die Prozessparameterwahl die Verteilung hinsichtlich der Lage des Häufigkeitsmaximums, der Streuung und der Anzahl von Spanimpulsen mit erhöhtem Störungspotenzial systematisch beeinflusst. Aufbauend auf den Beobachtungen wurde die Aussagekraft der mittleren Spanfrequenz als Kennzahl infrage gestellt, da sie keine Aussage über die Reproduzierbarkeit von Spanbruch und Spanabtransport zulässt. Gerade die Streuung der Verteilung eignet sich als ein Maß für die Regelmäßigkeit, mit der die Späne die Bohrung verlassen. Daher erscheint es technologisch sinnvoll, bei der Definition einer Kennzahl zur Störungsprävention sowohl die Lage als auch die Streuung der Verteilung zu berücksichtigen.

Um Maßnahmen zur Störungsprävention einzuleiten, sieht das Konzept die Verwendung der generell verfügbaren Parameter Vorschub, Schnittgeschwindigkeit und KSS-Druck als potenzielle Stellgrößen vor, da die Verfügbarkeit zusätzlicher Stellgrößen durch adaptronische Komponenten im derzeitigen Produktionsumfeld nicht vorausgesetzt werden kann. Wenn es gelingt, das Expertenwissen zur Beeinflussung des Spanabtransports in einem Regelungssystem zu hinterlegen, können Störungen aufgrund des Spanabtransports reduziert werden. Während die dynamischen Eigenschaften eines solchen Regelkreises eher von untergeordneter Bedeutung sind, liegt die zukünftige Herausforderung in der Modellierung der Wirkungen und Wechselwirkungen potenzieller Stellgrößen auf die zur Störungsprävention verwendete Kennzahl der Häufigkeitsverteilung von Δt_s, sodass eine gezielte Reaktion des Reglers erfolgen kann.

8. Zusammenfassung und Ausblick
Summary and outlook

Die vorliegende Arbeit zur adaptiven Regelung adressiert das Tiefbohren mit Einlippenbohrern kleiner Durchmesser. Eine typische Anwendung für die Technologie ist die Herstellung von Injektorsystemen für Verbrennungsmotoren. Chargenschwankungen hochfester Werkstoffe, Härtegradienten, Werkstoffübergänge und zunehmender Werkzeugverschleiß führen zu starken Veränderungen der Werkzeugbelastung und des Spanabtransports. Obwohl der Kühlschmierstoff mit hohem Druck bereitgestellt und die Spülung der Werkzeuge verbessert wird, ist der Spanabtransport eine zentrale Herausforderung der Technologie. Bei einem Spänestau verklemmen sich die erzeugten Späne zwischen der Spannut des Einlippenbohrers und der Bohrungsoberfläche, sodass aufgrund der nachfolgenden Späne ein fester Spänepfropfen entsteht, der die Axialkraft und das Bohrmoment deutlich ansteigen lässt. Falls sich der Spänestau nicht innerhalb kürzester Zeit löst, erhöht sich insbesondere bei kleinen Werkzeugdurchmessern das Werkzeugbruchrisiko, sodass für diese Anwendung ein besonders großes Interesse zur Reduktion von Belastungsspitzen besteht. Aufgrund der veränderlichen Prozessbedingungen ist eine adaptive Regelung erforderlich, um eine maximale Störungskompensation durch Reglerparameteradaption zu leisten.

In der industriellen Praxis stehen beim Tiefbohren mit Einlippenbohrern kleiner Durchmesser in der Regel keine Informationen über die aktuelle Werkzeugbelastung sowie über die Qualität des Spanabtransports zur Verfügung. Da die Werkzeugbelastung und der Spanabtransport stark variieren, werden die Prozessparameter unabhängig vom aktuellen Prozessgeschehen konservativ gewählt, um eine ausreichende Prozesssicherheit zu erzielen. In Einzelfällen erfolgt eine Spanraumüberwachung anhand des Kühlschmierstoffdrucks oder des entsprechenden Volumenstroms. Beide Messgrößen sind zur Erfassung von massiven Spänestaus geeignet, beinhalten jedoch keine Information über die Regelmäßigkeit aus der Bohrung herausgespülter Späne, sodass ihre Aussagekraft hinsichtlich der Prozesssicherheit stark eingeschränkt ist. Im wissenschaftlichen Umfeld besteht in den neueren Quellen aus dem Bereich der Regelungen für das Tiefbohren [Hage94], [Wein95], [Wein01] die Zielsetzung im Aufbau wissensbasierter Regelungssysteme zur systematischen Abbildung und Nutzung von Expertenwissen. Diese Zielsetzung unterscheidet sich grundlegend von der Zielsetzung adaptiver Regelungssysteme, bei veränderlichen Prozessbedingungen eine maximale Störungskompensation durch Reglerparameteradaption zu erreichen. Bislang existiert keine adaptive Regelung für das Tiefbohren mit Einlippenbohrern kleiner Durchmesser, die über eine Regelstreckenidentifikation während der Bearbeitung verfügt und somit in der Lage ist, das veränderliche Prozessverhalten entlang der Bohrtiefe online zu identifizieren und zu modellieren. Des Weiteren existiert keine Reglerauslegung, die prozesspezifische Gütemaße berücksichtigt und eine schnelle und gezielte Kompensation von Störungen ermöglicht. Schließlich ist die Erfassung der Spanfrequenz beim Tiefbohren mit Einlippenbohrern kleiner Durchmesser bislang nicht gelungen, sodass eine wesentliche Information zur Beurteilung der Prozesssicherheit nicht zur Verfügung steht.

In dieser Arbeit sind erstmals Methoden zur Regelstreckenidentifikation entwickelt worden, die es ermöglichen, das aktuelle Prozessverhalten beim Tiefbohren entlang des Bohrwegs sicher zu identifizieren und geeignet zu modellieren. Da die Festwertregelung keine ausreichende Möglichkeit zur Systemanregung bietet, wurden Signalmuster verwendet, die sich zur Anregung während des Bohrens eignen und lediglich eine minimale

Störung des Prozesses bewirken. Es wurden eine Methode und eine entsprechende Regelkreisstruktur zur kontinuierlichen Identifikation des aktuellen Regelstreckenverhaltens am geschlossenen Regelkreis entwickelt, sodass der Werkzeugschutz während der Identifikation durch den aktiven Regler erhalten bleibt. Insbesondere die Störungstoleranz der Methode wird durch Rekursionsalgorithmen deutlich verbessert.

Um die Identifikationsmethoden zu einer optimalen Reglerparameteradaption verwenden zu können, wurde eine Reglerauslegung entwickelt, die einen optimalen Regelverlauf zur Störungskompensation bei kleinen Werkzeugdurchmessern hervorruft. Dieser Verlauf beinhaltet zunächst eine möglichst schnelle Reaktion auf große Regelabweichungen und ein im Folgenden eher konservatives Verhalten, um ein Überschwingen der Regelgröße zu verhindern. Im Falle einer Prozessstörung reagiert der Regler somit schnell und gezielt auf eine drohende Überlastsituation. Aufgrund des generalistischen Anspruchs bestehender Heuristiken, zeigte die eigene Reglerauslegung deutliche Vorteile hinsichtlich der quadratischen Regelfläche. Sie ist darüber hinaus auch für Produktionssysteme mit ausgeprägtem Totzeitverhalten geeignet.

Im nächsten Schritt wurden die Methoden zur Regelstreckenidentifikation und die prozessspezifische Reglerauslegung bei der Entwicklung adaptiver Regelungssysteme berücksichtigt. Die Systeme wurden unter massiven Störungseinflüssen von Spänestaus eingesetzt und hinsichtlich der Reduktion von Kraftspitzen beurteilt, sodass die Potenziale der Reglerparameteradaption für die Technologie nachvollziehbar werden. Im Gegensatz zur direkten Regelstreckenidentifikation am offenen Regelkreis verfügt die rekursive Regelstreckenidentifikation am geschlossenen Regelkreis über eine hervorragende Störungstoleranz, Zuverlässigkeit und Kontinuität. Durch Verwendung eines Prädiktors wird die Regelkreisdynamik maximiert, sodass infolge der schnellen und gezielten Störungskompensation keine signifikanten Kraftspitzen auftreten. Mit Hilfe des prädiktiven Systems ist es gelungen, die Auswirkungen von Prozessstörungen auf ein unkritisches Maß zu reduzieren und den Prozess sicher zu beherrschen.

Erstmalig wurden eine Vorrichtung und ein Signalverarbeitungsverfahren zur Messung der Spanfrequenz beim Tiefbohren mit Einlippenbohrern kleiner Durchmesser entwickelt. Durch die Verfügbarkeit der Messgröße bei kleinen Werkzeugdurchmessern wurde eine wesentliche Voraussetzung zur automatisierten Beurteilung des Spanabtransports geschaffen. Allerdings unterliegen Spanbruch und Spanabtransport auch bei konstanten Prozessparametern Schwankungen, sodass eine Häufigkeitsverteilung von Zeitabständen zwischen Spanimpulsen als Messergebnis entsteht.

Bislang ist keine systematische Untersuchung der Funktion des Spanabtransports anhand dieser Häufigkeitsverteilungen erfolgt. Die zukünftige Herausforderung besteht in der Identifikation einer zur Störungsprävention geeigneten Kennzahl der Verteilung. Die Kennzahl sollte, im Gegensatz zur mittleren Spanfrequenz, insbesondere die Streuung der Verteilung berücksichtigen und somit die Reproduzierbarkeit von Spanbruch und Spanabtransport abbilden. Ferner müssen die Wirkungen und Wechselwirkungen von Vorschub, Schnittgeschwindigkeit und Kühlschmierstoffdruck auf die Kennzahl zur Störungsprävention ermittelt und modelliert werden. Wenn es gelingt, das Expertenwissen zur Beeinflussung des Spanabtransports in einem Regelungssystem zu hinterlegen, kann das Störungsaufkommen aufgrund von Spänestaus in Zukunft präventiv reduziert werden.

9. Literaturverzeichnis
Literature

[Abel06] **ABEL, D.; BOLLIG A.:** Rapid Control Prototyping. Methoden und Anwendungen, Springer, Berlin, 2006

[Asta63] **ASTANIN, V. N.:** Dynamics of Deep Drilling in Alloy Steel, Machines and tooling, 34, (1963), Nr. 11, S. 27-29

[ASTM05] ASTM-E976-05, Standard Guide for Determining the Reproducibility of Acoustic Emission Sensor Response, 2005

[Baie85] **BAIER, J.:** Entwicklung einer digitalen AC-Grenzregelung für Tiefbohrmaschinen unter Betrachtung geeigneter Prozesskenngrößen, VDI, Düsseldorf, 1985

[Boll88] **BOLLE, D.:** Mikrosensorsystem für die automatische Schwingungsbekämpfung beim Tiefbohren, Industrie-Anzeiger, 110, (1988), Nr. 82, S. 34-35

[Boss04] **BOSSEL, H.:** Systeme, Dynamik, Simulation. Books on Demand, Norderstedt, 2004

[Bote08] **FA. BOTEK:** Informationsbroschüre zum Mechanischen Axial-Pulsator, 2008

[Brau05] **BRAUN, A.:** Grundlagen der Regelungstechnik. Kontinuierliche und diskrete Systeme, Carl Hanser, München, 2005

[Buck71] **BUCK, G.:** Spanformen beim Bohren mit Einlippenbohrwerkzeugen, Werkzeugmaschine International, 2. Ausgabe, 1971, S. 39-44

[Chie52] **CHIEN, K. L.; HRONES, J. A.; RESWICK, J. B.:** On the Automatic Control of Generalized Passive Systems, In: Transactions of the ASME, Nr. 74, 1952, S. 175-185

[Chin87] **CHIN, JIH-HUA:** Voraussetzungen und Konzeption eines Grenzwertregelungs-Systems für das Einlippen-Tiefbohren. Dissertation, Universität Stuttgart, 1987

[Deha93] **DEHAENE, J.; MOONEN, M.; VANDERWALLE, J.:** Continuous Time Recursive Least Squares Estimation, Adaptive Neural Networks and Systolic Arrays, von: ftp://ftp.esat.kuleuven.ac.be/pub/SISTA/dehaene/reports/93-34a.ps.Z., Leuven, 1993, Zugriff 10.09.2009

[Eich96] **EICHLER, R.:** Prozesssicherheit beim Einlippenbohren mit kleinsten Durchmessern, Dissertation, Universität Stuttgart, 1996

[Ende91] **ENDERLE, K.; EICHLER R.:** Prozesssicherheit beim Tiefbohren mit kleinsten Durchmessern. Fertigungstechnisches Kolloquium FTK, Springer, Berlin, 1991

[Fink77] **FINK, P.:** Spanbildung und Bohrungsqualität beim Tiefbohren. Zerspanungsuntersuchungen zur Verbesserung der Spanabführung, der Bohrungsqualität sowie der Wirtschaftlichkeit beim Tiefbohren mit Einlippenwerkzeugen, Dissertation, Universität Stuttgart, 1977

[Glat97] **GLATTFELDER, A. H.; SCHAUFELBERGER, W.:** Lineare Regelsysteme. Eine Einführung mit MATLAB, VDF, Zürich, 1997, S. 137

[Gück06] **GÜCKER, J. U.:** Experimentelle Identifikation und nichtlineare Regelung eines einachsigen servohydraulischen Antriebs, Kassel University Press, 2006

[Hage94] **Hagemeyer, C.; Mumm, A.**: Verbesserungen der Fertigungssicherheit beim Tiefbohren durch Fuzzy-Control. Untersuchungen an einem Prozessmodell. Spanenende Fertigung, Vulkan, Essen, 1994, S. 569-592

[Haug91] **Hauger, R.**: Einflussgrößen auf das Stabilitätsverhalten von Einlippen-Tiefbohrwerkzeugen, Tagungsband Tiefbohren, VDI, Düsseldorf, 1991

[Hayk02] **Haykin, S.**: Adaptive Filter Theory, Prentice Hall, New Jersey, 2002

[Heis91] **Heisel, U.**: Stand der Technik beim Tiefbohren, Tiefbohren, Verfahren, Werkzeuge, Maschinen, 1991, S. 1-10

[Heis91b] **Heisel, U.**: Spanende Bearbeitungsverfahren mit neuem Potential, Fertigungstechnisches Kolloquium FTK, Springer, Berlin,1991, S. 87-92

[Heis03] **Heisel, U.; Rothmund, J.; Eisseler, R.; Kumanuvong, N.**: Spanformbeeinflussung durch Schwingungseinkopplung beim Einlippenbohren, ZWF Zeitung für wirtschaftlichen Fabrikbetrieb, 98, (2003), Nr. 10, S. 486-489

[Heis06] **Heisel U.; Eisseler R.**: Hybride Bearbeitung beim Einlippentiefbohren. Beeinflussung der Spanlänge durch Schwingungseinkopplung, Universität Stuttgart. In: Präzisions- und Tiefbohren aktuell, VDI Berichte Nr. 1897, VDI, Düsseldorf 2006

[Heis07] **Heisel, U.; Potthast, C.; Eisseler, R.; Klotz, D.; Wallaschek, J.**: Piezoelectric Actuator Design for Ultrasonically Assisted Deep Hole Drilling. Journal of Electroceramics, 2007, ISSN 1385-3449 (Print) 1573-8663 (online)

[Heis08a] **Heisel, U.; Sabou, F.**: Prozessüberwachung beim Tiefbohren kleinster Durchmesser. VDI-Berichte Nr. 2054, 2008, VDI-Berichte, Düsseldorf, S. 19-34

[Heis08b] **Heisel, U.; Eisseler, R.**: Erweiterung der Verfahrensgrenzen beim Einlippentiefbohren. VDI-Berichte Nr. 2054, 2008, VDI-Berichte, Düsseldorf, S. 3-17

[Iser92a] **Isermann, R.**: Identifikation dynamischer Systeme. 1. Grundlegende Methoden, Springer, Berlin, 1992

[Iser92b] **Isermann, R.**: Identifikation dynamischer Systeme. 2. Besondere Methoden, Anwendungen, Springer, Berlin, 1992

[Iser08] **Isermann, R.**: Mechatronische Systeme. Grundlagen, Springer, Berlin, 2008

[Kalm60] **Kalman, R. E.**: A New Approach to Linear Filtering and Prediction Problems, Journal of Basic Engineering, Nr. 82 (Series D), 1960, S. 35-45

[Kien52] **Kienzle, O.**: Die Bestimmung von Kräften und Leistungen an spanenden Werkzeugen und Werkzeugmaschinen. VDI-Z Jg.94 H. 11/12, 1952, S. 299-305

[Klep03] **Kleppmann, W.**: Taschenbuch Versuchsplanung. Produkte und Prozesse optimieren, Hanser, München, 2003

[Kloc02] **Klocke, F.**: Fertigungsverfahren 1. Drehen, Fräsen, Bohren, Springer, Berlin, 2002

[Kloc08] **Klocke, F.; König, W.**: Fertigungsverfahren1. Drehen, Fräsen, Bohren, Springer, Berlin, 2008

[Kloc09] KLOCKE, F.; WIRTZ, G.; VESELOVAC, D.: Einfluss des Regelstreckenmodells auf die erzielbare Güte einer Axialkraftregelung für das Tiefbohren, Zeitung für wirtschaftlichen Fabrikbetrieb (ZWF), 104, (2009), Nr. 10, Hanser, München, S: 853-857

[Löbb03] LÖBBE, H.: Tiefbohren auf Bearbeitungszentren, Dissertation, Universität Dortmund, 2003

[Lunz06] LUNZE, J.: Regelungstechnik 1. Systemtheoretische Grundlagen, Analyse und Entwurf einschleifiger Regelungen, Springer, Berlin, 2006

[Maye97] MAYERS, B.: Prozess- und Produktipotimierung mit Hilfe der Statistischen Versuchsmethodik, Dissertation, RWTH Aachen, 1997

[Naik92] NAIK, S. M., KUMAR, P. R.: Extended least squares based adaptive control: robustness analysis, In: Stochastic Theory and Adaptive Control, Springer, Berlin, 1992, S. 346-360,

[Nisi06] http://www.ni.com/pdf/manuals/371001c.pdf, National Instruments LabVIEW System Identification Toolkit User Manuel, National Instruments Corporation, Austin, Texas, USA, 2006, Zugriff 02.07.2009

[Pete04] PETERS, C.; LÖBBE, H.; WITTKOP, S.: Prozess- und Werkzeuggestaltung beim Einlippenbohren, Tagungsband VDI-Fachtagung Präzisions- und Tiefbohren aktuell 2. und 3. März, Stuttgart, 2004

[Pfle76] PFLEGHAR, F.: Verbesserung der Bohrungsqualität beim Arbeiten mit Einlippenbohrwerkzeugen, Dissertation, Universität Stuttgart, 1976

[Reut08] REUTER, M.; ZACHER, S.: Regelungstechnik für Ingenieure. Analyse, Simulation und Entwurf von Regelkreisen, Vieweg + Teubner, Wiesbaden, 2008

[Rohs77] ROHS, H. G.: Adaptive Control beim Tiefbohren, VDI-Berichte Nr. 301, 1977, S. 19-25

[Saku68] SAKUMA, S.: Untersuchungen über Schnittkräfte beim Einlippentiefbohren, Bull of the japan society of manufacturing engineering, 1968, S. 37-40

[Sast89] SASTRY, S.; BODSON, M.: Adaptive Control. Stability, Convergence, and Robustness, Prentice Hall, New Jersey, 1989

[Shen00] SHENG, Y.; TOMIZUKA, M.; OZAKI, M.: Dynamic Modelling and Adaptive Predictive Control (APC) of drilling Composite Materials, Proceedings of the American Control Conference, Chicago, Illinois, 2000

[Stre75] STREICHER, P.: Tiefbohren der Metalle, Vogel, Würzburg, 1975

[Unbe00] UNBEHAUEN, H.: Regelungstechnik III. Identifikation, Adaption, Optimierung, Vieweg, Wiesbaden, 2000

[Unbe08] UNBEHAUEN, H.: Regelungstechnik I. Klassische Verfahren zur Analyse und Synthese linearer kontinuierlicher Regelsysteme, Fuzzy-Regelsysteme, Vieweg + Teubner, Wiesbaden, 2008

[VDI3210] VDI-Richtlinie 3210, Tiefbohrverfahren, Beuth, Berlin, 2006

[Wein95] WEINERT, K.; BRUCHHAUS, T.; JASPER, J.; THAMKE, D.: Application of Fuzzy Control for Deep Hole Drilling Processes, Production Engineering, WGP, Vol. 2/2, 1995, S. 7-10

[Wein00] WEINERT, K.; LÖBBE, H.; WEBBER, O.: Spanüberwachung sichert den Prozess-Tiefbohren mit Einlippenbohrern, Heft 24, Technica, 2000, S. 16-21

[Wein01] **Weinert, K.; Peters, C.; Mehnen, J.:** Analyse der Prozessdynamik beim Einlippen-Tiefbohren. WT Werkstattstechnik, 91, (2001), Nr. 8, Springer VDI, S. 510-513

Lebenslauf

Resume

Persönliches	Guido Franz Wirtz Geb. am 30. Januar 1979 in Köln Deutsche Staatsangehörigkeit Ledig Eltern: Franz Heinz und Marie-Luise Wirtz, geb. Oehmen
Schulbildung	
1985 – 1989	Grundschule Worringen
1989 – 1998	Norbert-Gymnasium Knechtsteden Abschluss: Abitur
Grundwehrdienst	
1998 – 1999	Stammdienststelle des Heeres in Köln
Hochschulstudium	
08/1999 – 03/2005	Maschinenbau an der RWTH Aachen Vertiefungsrichtung: Fertigungstechnik Abschluss: Dipl.-Ing.
Berufstätigkeit	
05/1999 – 07/1999	Technisches Grundpraktikum bei der Bayer AG, Dormagen
07/1999	Fachpraktikum in der Montage von Mehrspindeldrehautomaten bei der Alfred H. Schütte GmbH & Co KG, Köln
08/1999	Technisches Grundpraktikum im Bereich Strangguss sowie Fachpraktikum in den Bereichen Messen, Prüfen, Qualitätskontrolle bei der Hydro Aluminium Deutschland GmbH, Neuss
05/2004 – 07/2004	Fachpraktikum in den Bereichen Arbeitsplanung, Montage, Werkzeug- und Vorrichtungsbau, Stahlbau, Wärmebehandlung, Oberflächentechnik, Instandhaltung bei der RWE Power AG, Technikzentrum Tagebaue, Frechen
Seit 04/2005	Wissenschaftlicher Angestellter am Laboratorium für Werkzeugmaschinen und Betriebslehre (WZL), Lehrstuhl für Technologie der Fertigungsverfahren, Prof. Dr.-Ing. Dr.-Ing. E.h. Dr. h.c. F. Klocke, RWTH Aachen

FSC
www.fsc.org
MIX
Papier | Fördert gute Waldnutzung
FSC® C083411

Kolibri 360 GmbH
Ferdinand-Jühlke-Straße 7
99095 Erfurt, Deutschland
produktsicherheit@kolibri360.de